骆驼基因组学研究

吴慧光 著

U0349442

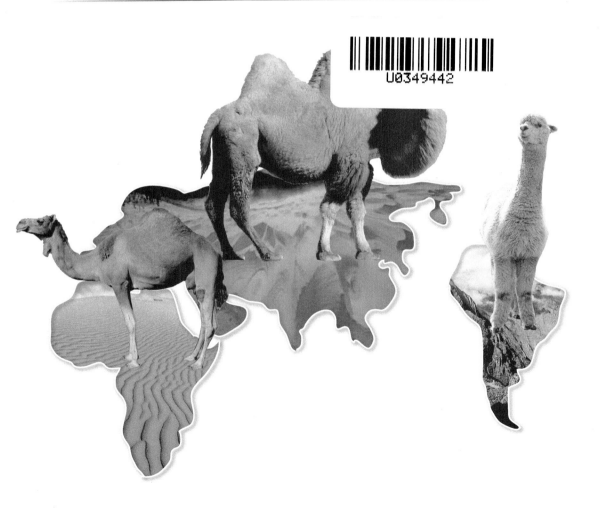

中国农业科学技术出版社

图书在版编目（CIP）数据

骆驼基因组学研究／吴慧光著 . —北京：中国农业科学技术出版社，
2018. 12

　ISBN 978-7-5116-3641-6

　Ⅰ.①骆…　Ⅱ.①吴…　Ⅲ.①双峰驼–基因组–研究–阿拉善盟
Ⅳ.①S824

中国版本图书馆 CIP 数据核字（2018）第 082067 号

责任编辑　　金　迪　崔改泵
责任校对　　马广洋

出　版　者　中国农业科学技术出版社
　　　　　　北京市中关村南大街 12 号　邮编：100081
电　　　话　（010）82109194（编辑室）　　（010）82109702（发行部）
　　　　　　（010）82109709（读者服务部）
传　　　真　（010）82106650
网　　　址　http://www.castp.cn
经　销　者　各地新华书店
印　刷　者　北京建宏印刷有限公司
开　　　本　710mm×1 000mm　1/16
印　　　张　11. 75
字　　　数　172 千字
版　　　次　2018 年 12 月第 1 版　2018 年 12 月第 1 次印刷
定　　　价　48. 00 元

前　言

　　骆驼是大型的沙漠适应性哺乳动物，在干旱地区的畜牧业经济中占有重要地位。骆驼基因组上保存有抗逆相关的优良遗传资源，有着极其重要的科研和育种价值。目前世界上已经形成了以优秀的物种资源为研究基础，以功能基因开发利用为技术核心，以培育优良品种为高利润产品的生物产业模式。基因组测序技术的进步和测序成本的降低为人们获得物种的全基因组序列提供了条件。开展动物基因组学研究，揭示动物之间的进化关系，发掘动物优异基因资源，实施分子育种已经成为目前动物科学及畜牧业的重要研究前沿领域。

　　本书共分 7 个章节，包括国内外研究现状、骆驼科动物全基因组序列的测序与组装、骆驼科动物基因组的注释、骆驼科动物基因组的进化分析、骆驼沙漠适应性的比较基因组学分析、双峰驼肾脏的转录组学分析等内容。全面系统地介绍了阿拉善双峰驼、阿拉伯单峰驼和羊驼三个骆驼科动物的基因组测序组装结果和基因注释结果；从分歧的遗传原因、分歧时间和种群历史变化三个方面系统地揭示了这三个骆驼科动物的进化史；证实了骆驼科动物通过其特有的加速进化以适应干旱、高原等不利的环境。揭示了长期限水条件下，骆驼低能量消费的经济模式以及骆驼肾脏在水分保持上进化出的特殊补偿机制。对双峰驼、单峰驼和羊驼进行全基因组测序、组装、注释和进化研究，为揭示骆驼科动物的进化历史及骆驼的沙漠适应性，开发骆驼优秀种质资源奠定基础。

　　本书由国家自然科学基因项目（31402106，31660648）、内蒙古自治区高等学校科学研究项目（NJZC16189）以及内蒙古民族大学博士科研启动基金（BS364）资助。

由于作者水平有限，书中疏漏或不妥之处在所难免，恳请同行和读者批评指正。

著　者

2018 年 11 月

目　录

第1章

引 言

1.1 研究背景和意义

基因组学研究包括以全基因组测序为目标的结构基因组（Structural ge-nome）研究和以基因功能鉴定为目标的功能基因组（Functional genome）研究两部分。结构基因组研究所获得的生物体全基因组序列仅仅是人类认识和了解生命奥秘的第一步，而更为重要的工作是鉴定基因的功能，即通过分析基因组的结构，来揭示基因组内核苷酸序列所蕴含的生物学功能，从而有效地利用和改造生物。

基因组测序技术的进步和测序成本的降低为人们获得物种的全基因组序列提供了便利条件。在此基础上，秀丽隐杆线虫[1]、果蝇[2]、小鼠[3]等模式生物陆续被测序。进行模式生物基因组研究的优点在于：第一，模式生物的基因组为人们研究生物的基因功能提供了研究的蓝图，大量的基因被定位、克隆和进行功能研究。第二，模式生物基因组为人们揭示生物的生长、发育、遗传、进化等方面的规律、特点和机制奠定了基础。第三，基于全基因组序列，人们可以系统的研究生物的各个方面，从而使系统生物学研究成为可能。第四，基于模式生物基因组，人们也陆续完善和发展了基因组测序技术、基因组分析方法，从而建立一套完整的基因组学理论体系。此外，模式生物基因组对于促进人类疾病及药物开发等方面都具有十分重要的应用价值。

开展动物基因组学研究，揭示动物之间的进化关系，发掘动物优异基因资源，实施分子育种已经成为目前动物科学及畜牧业的重要研究前沿领域。众多的具有优异性状和重大经济价值的家养动物陆续被测序，如家蚕[4]、家鸡[5]、狗[6]、蜜蜂[7]、猫[8]、马[9]、牛[10]、山羊[11]、牦牛[12]、骆驼[13,14]、猪[15]等。

家养动物基因组序列图谱的绘制，在很大程度上为培育优秀动物品种或品系、提高畜产品的质量和数量，满足社会需要提供了极大的帮助。目前，采用育种手段对动物品种进行改良，是提高动物畜产品品质和数量的主要方法。但是，常规的育种方法由于遗传进展慢、效率低，已经逐渐不能满足社会对畜产品的需求。而分子育种（Molecular breeding）由于时间短、效果显著等特点，已经成为主要育种手段之一。分子育种的首要前提条件就是获取具有开发价值的目标基因。这些目标基因可以是与动物生产性状相关的基因，如控制肉品质、生长速度等基因，也可以是和动物适应环境相关的基因，如与抗病、抗粗饲、抗逆性等相关基因。但是采用常规的育种技术或方法对动物的优异性状相关基因进行定位需要极其长的时间，且很难取得较大的成效。而采用基因组技术可以在较短的时间内获得一个物种的全部遗传信息。通过对动物基因组上相关遗传信息进行详细解读，人们可以获得与该物种典型性状相关的优异基因，继而通过对这些基因后续的开发和利用，推动产业发展。因此世界各国都将研究重点放在家养动物基因组学分析、种质资源的基因鉴定与分离等方面，并展开了激烈的竞争。

目前世界上已经形成了以优秀的物种资源为研究基础，以功能基因开发利用为技术核心，以培育优良品种为高利润产品的生物产业模式。在基因组学的促进与推动下，分子育种已经被广泛地应用于现代畜牧业育种和生产。借助分子育种技术，与动物生产性状相关的各种相关基因被定位和克隆，在此基础上，通过分子标记实现了对优良畜种的高效、精确育种。其中，使用DNA标记技术结合选种，筛选猪应激综合征（Porcine stress syndrome，PSS）基因就是一个典型的例子。此外，借助转基因技术对异种生物的优秀性状遗传资源进行开发与利用也是分子育种的趋势之一。

家养动物的基因组序列的测定也为人们研究物种之间的进化关系等铺平了道路。众多的家养动物本身在生物进化中就处于一个相对特殊的地位。对家养动物基因组进行分析和研究，对于揭示各物种之间进化关系，阐明物种的进化历史具有重要帮助。例如，通过对猪基因组的比较分析，人们确定了家猪和野猪之间曾发生多次基因交流[15]。

此外，对动物基因组的分析有助于揭示物种形成机制。很多家养动物对外界环境具有极强的适应性。例如，牦牛对高原缺氧环境具有极好的适应性，而骆驼对于干旱的沙漠环境具有极强的适应性。对这些家养动物基因组进行研究、分析，为阐述自然选择、人工选择和家养动物适应性进化之间的相互作用，开发宝贵的基因资源奠定基础。部分拥有基因组参考序列的重要农业物种通过基因组工具的辅助，在种质资源开发利用和保护、品种精确定向培育上，已经取得了显著的进展。例如，通过对 40 个野生蚕和家蚕的基因组重测序数据进行研究，获得了约 1 600 万个基因组变异位点，并鉴定出 354 个在家蚕驯化过程中起重要作用的基因[16]。对这些数据的进一步研究将会加深人们对家蚕驯化过程的理解，并对进一步的家蚕育种工作具有指导意义。

内蒙古自治区（以下简称内蒙古）地处中国西部，经济发展相对滞后，但生物多样性十分丰富。特殊的地理环境造成了当地具有大量的特色珍稀濒危动植物物种资源。在长期的进化中，这些物种经受住了蒙古高原的寒冷、干旱和瘠薄的生态环境的考验而生存下来，具有许多独特的遗传特性和生理特征，在它们的基因组中保存有大量其他生物所没有的与抗逆性相关的基因序列。这些生物资源是国家重要的战略资源，具有宝贵的开发利用价值，对于农牧业生产、科学研究和促进经济发展都具有十分重要的意义。

阿拉善双峰驼主要分布在中国内蒙古阿拉善左旗、阿拉善右旗等地。在长期的进化过程中，形成了独特的适应荒漠化生态条件的生物学特性，如耐粗饲、耐渴、耐饥饿、耐热及耐寒等。该驼种不仅能利用其他家畜所不能利用的荒漠草场，而且能为人类提供大量毛、役、乳、肉，因此在蒙古族畜牧业经济中占有重要地位，是开发和利用荒漠地区自然资源的优良畜种。2006 年阿拉善双峰驼被国家农业部列入国家级畜禽品种资源保护名录。

先前的骆驼基因组研究，只是在双峰驼和牛的分化时间、基因组 SNP 率、人工选择、胰岛素抗性、盐耐受性等[13,14]方面进行了分析，并没有从基因组角度揭示骆驼科动物的进化历史，也没有从基因组层次上系统的对骆驼干旱沙漠的特殊适应性进行研究。本书拟讲述双峰驼、单峰驼和羊驼的全基因组学研究。通过对这 3 个骆驼科动物的全基因组进行测序、组装、注释和进化分析，揭示骆驼科动物的进化历史、分歧时间及其种群历史规模，并通过骆驼基因组学、转录组数据的研究，分析骆驼的沙漠适应性的遗传学基础。本书将会为理解骆驼对沙漠环境适应能力的生理学特性和遗传学基础提供帮助，同时也为开发骆驼抗干旱的优秀种质资源奠定基础。

1.2 国内外研究进展

1.2.1 骆驼科动物的进化

1.2.1.1 骆驼科动物的进化概述

骆驼科（Camelidae）动物最早出现在 4590 万年以前（Million years ago，Mya）北美大陆始新世（Eocene）（56~33.9 Mya）中期的 Uintan 动物群阶（Faunal stage）[17,18]。与其他的食草动物相比，骆驼科物种在始新世的时候比较少。

在骆驼科物种进化的早期，骆驼科动物主要生活在一个很小的地域范围内。科罗拉多州的怀特河（White river）和怀俄明州的沉积物出土了大量 Chadronian 动物群阶（37.2~33.9 Mya）晚期和 Orellan 动物群阶（33.9~33.3 Mya）[18]的骆驼科动物化石。然而在离其北部不远的达科他地区却很少发现其化石，这表明可能存在某些因素限制了骆驼科动物的纬度分布[17]。中新世时期，骆驼科动物活动范围几乎覆盖北美大陆的绝大部分地区，并且在某些化石动物区系中是最常见的大型食草动物[17]。

骆驼科动物曾经多达 36 个属 (Genera) 95 个种 (Species)[17]，是新生代 (Cenozoic) 北美大陆上一个高度发达的群体。骆驼科动物的群体扩张开始于 Arikareean 北美陆生哺乳动物阶 (Arikareean North American Land Mammal Stage，30.8~20.43 Mya)[19]，而其群体的大规模扩张则主要发生在中新世 (Miocene，23.03~5.333 Mya)[18]。在亥明佛德动物群阶 (Hemingfordian age，20.6~16.3 Mya) 和巴斯图动物群阶 (Barstovian age，16.3~13.6 Mya)[18]，骆驼科动物包括至少 13 个属，这一时期骆驼科动物的遗传多样性达到最大[17]。在巴斯图动物群阶晚期，骆驼科动物至少有 20 个种[17]。在中新世晚期和上新世 (Pliocene，5.333~2.588 Mya) 的时候，虽然骆驼科动物仍然相对较为普遍，但是其群体多样性已经发生下降[17]。随着更新世晚期大多数的陆生巨型动物灭绝 (Megafauna extinction)[20]，骆驼科物种在北美大陆也开始逐渐灭绝。在大约 11000 年前的时候，*Camelops hesternus*、*Hemiauchenia macrocephala* 和 *Palaeolama mirifica* 作为最后的北美骆驼科动物在北美大陆消失[21]。

在前 3600 万年的漫长进化过程中，骆驼科动物长期生活在北美大陆，直到中新世晚期约 7.246~4.9 Mya[17,22]，骆驼科动物的一个分支才通过白令地峡迁徙到欧亚大陆并扩散到非洲[17,23-25]，并且在其进入欧亚大陆以后，骆驼科动物才开始在非洲和亚洲的沙漠地带生活[17]。在更新世 (Pleistocene，2.588~0.0118 Mya) 早期的 Uquian 期 (Uquian age，3~1.2 Mya)，骆驼科物种的另一个分支开始扩散到南美大陆[26,27]。

1.2.1.2 骆驼科动物的四次进化辐射

骆驼科动物在北美大陆上有 4 次进化辐射 (Evolutionary radiation)。第一次是从 Chadronian 动物群阶到 Arikareean 动物群阶早期 (始新世晚期到渐新世中期) 的古骆驼动物 *Poebrotherium* 和 *Paratylopus* 的进化[17]。第二次进化辐射是从 Whitneyan 动物群阶 (33.3~30.8 Mya) 到 Arikareean 动物群阶 (渐新世晚期到中新世早期) 的 Stenomylinae 亚科的进化辐射[17]。

早期的骆驼科动物个体很小，体重非常轻，与现代的美洲驼很相似，只有 2 英尺①高，50 磅②重[17]。所以，在骆驼科动物的进化历史中，最突出的一个事件可能属于渐新世晚期和中新世早期（Arikareean 动物群阶早期到晚期）"高骆驼科动物"出现，该事件也促进了骆驼科动物的第三次进化辐射[17]。在 Arikareean 动物群阶晚期，骆驼科动物属的数量增加了 2 倍[17]。但是，Arikareean 动物群阶出现高骆驼并不是一个独立的事件。在俄勒冈州约翰迪地层（John day formation）中曾发现过处于 Arikareean 动物群阶晚期大型的骆驼科动物——*Gentilicamelus* 属[17,28,29]。在内布拉斯加州 Arikareean 动物群阶晚期的哈里森地层（Harrison formation）发现了最早的高骆驼科动物 *Oxydactylus* 属[30]。但是，*Tanymykter* 属和 *Michenia* 属却在中新世的马斯兰地层（Marsland formation）中出现[31,32]。相比之下，*Protolabis* 属也是在 Arikareean 动物群阶末期的时候才出现[17]。从进化上看，由于（*Gentilicamelus*）具有变小的中齿尖，所以可能并没有起源于 Stenomyline 家族，而有可能起源于 *Paratylopus* 属[17,28]，并且 *Gentilicamelus sternbergi* 可能是 *Priscocamelus* 属、*Oxydactylus* 属和 *Tanymykter* 属的共同祖先[17,28]。

骆驼科动物的第四次进化辐射开始于亥明佛德动物群阶晚期和巴斯图动物群阶早期，这次辐射进化主要是 Camelinae 亚科动物种类的扩张[17,33]。广义上说，*Aepycamelus* 可能是现存的美洲驼族（Lamini）和骆驼族（Camelini）的祖先单元（Ancestral taxon）[17]。早期的 *Procamelus* 形态特征与 *Aepycamelus* 极为相似，而晚期的 *Aepycamelus* 已经具有了美洲驼族一些形态特征[17]，这表明大约在巴斯图动物群阶早期或者更早的一些时候，美洲驼族和骆驼族可能已经发生了分化。Protolabines 和 Miolabines 等一些古类群（Archaic group）仅仅在 Clarendonian 动物群阶（13.6～10.3 Mya）兴盛[17,18]。但根据对大桑迪地层（Big sandy rormation）的研究表明，在亥姆菲尔阶动物群阶（Hemphillian age，10.3～4.9 Mya）晚期，这些古类群开始衰落，并最终在中新世晚期灭绝[17,18,34]。在这一时期骆驼科动物的种属多样性发生了很大的变化，从亥明佛德动物群阶和巴斯图动物群阶最高的 11 到 13 个种属减少到上新世晚期的

---

① 1 英尺 ≈ 30.48cm

② 1 磅 ≈ 0.454kg

勃朗动物群阶（Blancan age，4.9~1.8 Mya）的 5 个种属[35]，并且只有其中的 3 个种属存活到更新世晚期的兰乔拉布瑞亚动物群阶（Rancholabrean age，0.3~0.012 Mya)[17,19]。

1.2.1.3 骆驼科动物在美洲大陆的适应性进化

从始新世晚期到渐新世早期，骆驼科动物的出现与同期出现的由于北美大陆干旱而导致的草原相一致[36]。古生态学研究表明，在从始新世温暖湿润的气候逐渐转变为渐新世干旱气候的期间中发生了几次严重干旱[37]。化石研究同时表明，在渐新世早期林地覆盖广阔，而河流和沼泽零散分布，并且渐新世的植被可以大体上分为 3 类：第一类，河边沼泽地带的连续植被；第二类，以河流为边界的广阔林地；第三类，无树平原，主要以成束的牧草和非禾本科植物为主[37]。根据化石出土的地点数据分析，*Poebrotherium* 经常变化其栖息地[37]。Clark 等人从开放平原、近河流林地和河边沼泽地带的 3 个代表性沉积物均发现了 *Poebrotherium* 的化石标本[37]。这些栖息地和植物群落的更替与现代动植物的特点相一致。因此，*Poebrotherium* 可能通过季节性或日常的活动从这些栖息地中选择不同的食物[38]。由于 *Poebrotherium* 运动适应性，Clark 等人预测，*Poebrotherium* 将会在开放平原的沉积物中常见，而在其他的栖息地中很少[37]，而对恶地国家公园南部地区的发掘工作也证实了 *Poebrotherium* 广泛分布的观点[38]。

对最原始骆驼科动物 *Poebrotherium* 分析表明，其四肢形态与现存骆驼科动物存在明显不同[39]：*Poebrotherium* 具有中等长度的腿，轴侧掌跖骨加长，外侧掌跖骨变短，具有锋利的爪趾。*Poebrotherium* 为蹄行动物，趾骨可能形似鹿蹄，这说明在渐新世早期骆驼科动物已经适应了在其开阔栖息地的奔跑和生存[39,40]。随后出现的 Camelinae 亚科最早的两个中新世骆驼科动物 *Michenia* 和 *Protolabis* 的趾骨形态表明，这两个骆驼科动物进化为趾行动物，并具有蹓步（Pacing）步态，同时也证实了早期的骆驼科动物已经形成了现存骆驼四肢的运动模式[17,40]，即骆驼总是同一侧的前后蹄同时迈步，这种蹓步步态与马、其他偶蹄目动物以及大多数哺乳动物不同，它可以使骆驼具有非常大的步幅，同时其腿部的运动不会受到其他腿的影响。这种步法在不需要太多机动性的开阔地形条件下更有效率[40]。因此，趾行足和踱步步态的出现有利于骆驼科动物从林地、无树草原的栖息地向开阔草原栖息地转变[17]。

Oxydactylus 属和 Tanymykter 属骆驼科动物呈现出从蹄行到趾行一种过渡形态[17]。对中新世早期骆驼科动物足迹研究也证实了此点[40]。此外，这种从蹄行到趾行的过渡在骆驼科动物中可能发生了不止一次[17]。然而，在随后的进化过程中，骆驼科动物的蹄形组织逐渐退化，其功能逐渐被类似于现代骆驼的肉垫组织所替代。

与 Poebrotherium 相比，现存骆驼骨骼形态的变化主要有掌跖骨融合，前肢和后肢更加趋向于一致长度，而其胼足及其趾行的站姿等变化可能与运动形态的变化有关[39,40]。现存的骆驼科动物为趾行动物，其站在脚趾的最后两个节上，没有蹄而有弯曲的趾甲，这些趾甲仅保护脚的前部。现存的骆驼科动物的脚下有一层弹性的、由结缔组织组成的垫子，为其脚底板提供比较宽的面积。

在中新世及其以后的时期，骆驼科动物进化出不同的适应能力。与中新世出现的广泛分布的草原相一致的是骆驼科动物进化出更大的高冠牙。中新世早期和中期 Stenomylines 家族具有所有骆驼科动物中最高的高冠齿[17]。Arikareean 动物群阶晚期的 Stenomylus 分布于除了弗罗里达州以外的各个地区，但它只有瞪羚大小并且是蹄行动物[17]。而 Stenmylines 家族后期的物种分布受到更多的限制，主要分布在怀俄明州、科罗拉多州、新墨西哥州和墨西哥，并且可能适应了更为干旱的生活环境[36,41]。作为 Aepycamelus 祖先，Oxydactylus 属表现为出现长的四肢和椎骨的特殊化[42]。Aepycamelus 具有极长的四肢、颈椎和中等高冠牙的特点[17]，这说明 Aepycamelus 可能吃高处树叶。而 Aepycamelus 在亥姆菲尔阶动物群阶灭亡可能是热带稀树草原的限制和干草原的扩张[36]。在一项对包括 Hemiauchenia、Alforjas、Palaeolama、Camelops、Procamelus 和 Megatylopus 多个骆驼物种上颌形状的研究表明，这些骆驼科动物的食物都是高处的树叶而不是草[43]。

与这些长脖子的骆驼科动物相比，来自短腿的 Miolabines 家族和 Protolabines 家族[17]的骆驼科动物则是另外一个极端。Janis 报告，Protolabines 家族的骆驼科动物身高逐渐变矮，并进化成为粗短而结实的身体形态，且只有地面高度的食草动物[42]。同样的，*Protolabiss* 属极短的吻突说明其有高度发达的唇部和口腔肌肉组织，而其相对短的掌跖骨也表明 *Protolabiss* 属主要采食低矮的灌木和草[31]。

骆驼科动物 Floridatragulines 主要来自低纬度地区，其最原始的物种最早出现在墨西哥或者临近地区[17]。在亥明佛德动物群阶，该种群沿着墨西哥湾沿岸平原向东扩展，该栖息地被认为是北美大陆东南部的无树平原或者是林地[17]。根据其低冠齿、月型齿齿系和延伸的细长吻突可以推断，Floridatragulines 可能会选择采食树叶[17]。在对 Floridatragulines 的古生物学研究中，仅有 Voorhies 报道 *Floridatragulus* sp. 出现在德克萨斯北部[44]。

1.2.1.4 现存骆驼科动物

在骆驼科早期的进化历史中，骆驼科动物进化形成长的四肢和颈部。骆驼科动物与反刍动物不同的是掌跖骨发生融合。尽管一些中新世的骆驼科动物保留了完整的齿系，但是现存的骆驼和美洲驼缺失其上颚第一、第二门齿和一个或更多个前臼齿，并且其臼齿为高冠牙[45]。骆驼的高冠牙被认为是食草的标志[46]，同时骆驼的高冠牙也是适应开阔栖息地的反映[47,48]。现存的单峰驼和双峰驼前颌骨形状是与其采食树叶和其他中等高度植物的生活习性相一致的[45]。

在漫长的进化过程中，由于其生活环境改变，骆驼科物种走向了不同的进化过程。在中新世晚期，Camelini 从北美迁徙到欧亚大陆，而在更新世早期，Lamini 迁徙到南美大陆。骆驼科动物在北美大陆灭绝。骆驼科现仅存 1 个亚科、2 个族、3 个属和 6 个种（图 1-1）。

现存骆驼科物种具体分类为：

骆驼亚科（Camelinae）

骆驼族（Camelini）

骆驼属（*Camelus*）

双峰驼（Bactrian camel，*Camelus bactrianus*）

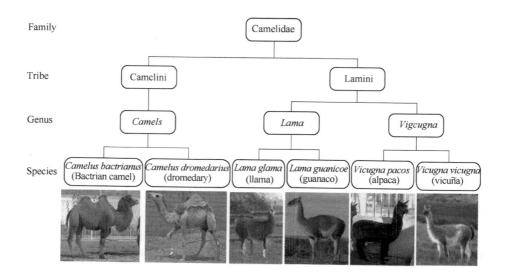

图 1-1　现存骆驼科动物的分类学

Fig. 1-1　Taxonomy of the Camelidae family

注：大羊驼、原驼和小羊驼的照片来自 I. T. Kadim 等[49]，略改。

Note：The photographs of llama, guanaco and vicuña derive from I. T. Kadim et al[49]（slightly modification）.

　　　单峰驼（Arabian camel 或 Dromedary，*Camelus dromedarius*）

　　美洲驼族（Lamini）

　　羊驼属（*Lama*）

　　　原驼（Guanaco，*Lama guanicoe*）

　　　大羊驼（Llama，*Lama glama*）

　　小羊驼属（Vicugna，又译骆马属）

　　　小羊驼（又称骆马，Vicuña，*Vicugna vicugna*）

　　　羊驼（又称驼羊，Alpaca，*Vicugna pacos*）（原为 *Lama pacos*，羊驼属）

　　由于生活地域的不同，人们将生活在南美洲的美洲驼族的 4 个骆驼科物种统称为新世界骆驼（New world camel），而将生活在非洲和欧亚大陆的单峰驼和双峰驼统称为旧世界骆驼（Old world camel）。从形态上看，单峰驼和双峰驼由于具有一个或两个驼峰，因此又将双峰驼和单峰驼统称为有峰驼；而美洲驼的 4 个物种由于没有驼峰，因此又将其统称为无峰驼。一般情况下，人们所说的骆驼均指单峰驼和双峰驼。

1.2.2　现存骆驼科动物的生物学特性

1.2.2.1　骆驼族动物的生物学特性及其沙漠适应性

长期的干旱、稀少的植被、极高的温度、极大的昼夜温差、强烈的紫外线辐射、频繁的沙尘暴等极端恶劣的沙漠环境对于动物的生存是一个极大挑战。不同的物种对于沙漠环境的适应性不同。沙漠物种进化出一些特殊的生物学特性以适应沙漠环境。这些生物学特性包括：体型和大小；向日性以避免自身侧面暴露在阳光直射下；吸收和储存水分；特别的生殖方式；对高温和组织脱水的耐受性；特化的呼吸方法；水分的保持，特别是减少尿量和粪便中的水分，并浓缩氮和其他电解质；减少代谢率；特殊的消化生理机制；逃脱或规避，以趋向于更为有利的环境（如某些沙漠啮齿目动物的穴居生活或者夏眠、迁徙等）[50]。由于长期适应荒漠环境的结果，骆驼在许多生物学特性上，都得到了高度的强化。

荒漠地区的空气极其干燥，年降水量极其稀少，水源奇缺，不能保证随渴随饮，常有干渴威胁[51]。而骆驼则由于组织结构和生理机能的特殊，五六日内喝不上水，仍可照常劳役，即使更长时间内缺水，也不致有严重的生命危险[51]。骆驼对于干渴具有极强的耐受性，它可以忍受严重的脱水。骆驼失水即使达到自身体重 25% 的水分丧失[52]，也能短期耐受过去，不致有严重的生命危险。而其他的动物水分的丧失超过体重的 15% 时，血浆容量降低，血液的循环速率将会降低，当血液循环无法转移散发体内代谢产生的过多热量时，将导致体温迅速升高进而影响细胞的各种代谢活性，酶功能丧失，最终引起生命活动停止[51,53]。

骆驼水分的主要来源有饮入的水、食物中游离水和体内氧化过程中的"代谢水"[54]。其中，饮水是纠正体液贮藏不足的最为重要一种手段。为了能够长期在缺水的沙漠环境中生存，骆驼可以在 10 min 内一次饮用 27 加仑（102 L）的水[52]。而另外一个记录表明，一峰 600 kg 的骆驼在禁水 14 d 后在 3 min 内一次饮用了 200 kg 的水[55]。骆驼这种体液的迅速稀释，足使其他哺乳动物所不能忍受，而引起中毒，唯骆驼可安然无恙，这主要是由于骆驼可以将水分储存在血液中[56]。骆驼的红细胞具有杰出的渗透抗性[57,58]。其红细胞呈椭圆形，边缘薄，两面凸，比其他哺乳动物圆而厚的红细胞的抗渗能力强[59]。骆驼在饥渴状态下，随着饥渴天数的增加，血容量减少，浓度增大，单位体积血液中红细胞数和血红蛋白含量也相对增加，红细胞在 20% 高渗溶液时，仅细胞膜有些皱缩[51,57,58]。在大量饮水时，即使膨胀一倍，也不致破裂，只有当溶液低于 0.2% 时，才有溶血现象，在其溶血前体积可增大一倍，而其他家畜即使才增大 0.5 倍已大量溶血[51,57,58]。这样，骆驼的红细胞就可以大量吸收水分，把它暂时储蓄起来，以维持体内水分，不使其血容量减少。

现在已经被证实，大多数沙漠反刍动物能够适应缺水的状态，且在缺水的时候对水的利用效率会更高[54]。各种动物对干旱的耐受性和对水利用效率是不同的。在相同的缺水环境和气温条件（昼/夜温度为 40 ℃/25 ℃）下，牛丧失的水分大约为体重 6.1%，是骆驼的 3 倍；而羊丧失的水分是体重的 4%~5%，是骆驼的 2.5 倍[54]。这说明，骆驼对水的利用效率更高，这与骆驼具有一套完整的节水策略有关。骆驼节约用水的途径主要有：

（1）减少尿液排泄过程中的水分消耗[51,54]。哺乳动物肾脏浓缩尿液的能力对于其生活在干旱地区是非常重要的。许多反刍动物的肾脏可以将尿液浓缩到很大的浓度[54]。减少肾小球的滤过率和肾脏血液的流速可以有效地减少尿量。肾脏的髓襻可以有效地吸收水分，浓缩尿液。髓襻的长度越长，其浓缩尿液的能力越大。肾髓质和肾皮质厚度的比例可以作为分析重吸收水和产生高浓缩尿的指标[60]。在家养动物中，骆驼和绵羊比牛具有更长的髓襻[54]。骆驼特别的肾脏结构有利于产生高渗尿[61]，这不仅可减少尿中水分的损耗，而且也允许它能饮用含盐量相当高的咸水。

（2）减少粪便排泄过程中的水分消耗[51,54]。当有大量的水可以利用，且动物并不处于缺水状态的时候，大量的水从动物的粪便中被排出。而食物类型和消化率的不同，粪便及其含水量也是不一样的。当动物处于脱水状态时，动物可以从胃肠道中吸收相当数量的水分，并增加所贮留液体的电解质浓度[62]。减少粪便中水分的含量，主要是通过结肠对钠的重吸收实现的，重吸收后的水份又重新回到血液中[54]。骆驼粪便中的水分极少[56]，在22~40 ℃环境下禁水的骆驼，其粪便中水分的含量减少到0.25 L/（100kg·d），是目前所研究的家养反刍动物中最干的粪便[54]。

（3）减少呼吸活动中的水分消耗[51,54]。骆驼能"守口如瓶"，绝不轻易开口，以免水分蒸发、浪费。骆驼鼻平时缩为一线，呼吸次数也少，其鼻腔黏膜表面积大，吸气时，可将空气进行湿润，而呼气时，又将其中大部分的水分加以回收利用。同时它极少热性喘息，这就减少了呼吸道的水分丧失[63]。对骆驼呼吸水分丧失的分析表明，在高温时，骆驼的呼吸率只有很小的增幅[54]，而骆驼对于呼吸和由皮肤蒸发的水分丧失的比例为5∶95，这表明经由呼吸道散发出去的水份只有很小的比例[64]。

（4）减少体温调节活动中水分消耗[51,54]。出汗是防止体温升高的一种生理反应，同时出汗则意味着体内水分的丧失。因此，调节体温可以有效地保持体内的水分。在干燥酷热的环境中，体温升高可认为是储热的一种特殊方式，经过这样的处理，就无须增加水的消耗[54]。沙漠动物可以在一个宽的范围内调整自身的体温以适应外界极端的气候变化，如气温。这种体温调节的特性，可能来自季节性或长期的自然选择和遗传的适应性[54]。严格地说，动物调节体温的这种特性是由于徐缓代谢（Bradymetabolism）形成的，而非代谢过速（Tachymetabolism）[54]。徐缓代谢可以形成体温过高，从而使自身的体温超过外周环境温度；也可以形成体温过低，从而使自身的体温低于外周环境温度[54]。动物对自身体温调节的范围主要依赖于体尺、水平衡和个体的代谢[54]。不同质量的动物采用不同的方法。大动物由于采用低的体表面积体重比和低的代谢速率，从而可以在白天缓慢上升自身的体温。骆驼很少出汗，其体温具有一个宽的恒温区，夜间可降至34℃，日间升至40℃，其体温波动可以达到7℃[65]。骆驼通过主动升高体温，将多余体热暂时贮存到夜间慢慢散发，这就能为骆驼机体在白天高温的时候节省大量的用于汗液蒸发散热的水，从而减少机体在干旱环境下水份丧失，保持体内的水分[51]。通过这种宽的恒温调节，在经常缺水条件下，骆驼机体可以灵活有效地保持机体水分。

骆驼耐饥饿的能力很强，可以几天内不进食。在食物匮乏的沙漠地区，骆驼的瘤胃可以消化低品质的食物[54]。骆驼的瘤胃与反刍亚目其他的物种是不同的，骆驼有3个胃室，而其他大多数反刍动物有4个胃室。骆驼对干物质、纤维素和粗蛋白的消化率显著高于其他的反刍动物和家养的非反刍动物[54]。除了耐粗饲能力强以外，为了应对和适应周期性的食物匮乏所带来的危害，骆驼还采用了一系列的策略，包括减少基础代谢、迁徙和储存脂肪。脂肪沉积是各种动物贮存营养最普遍的形式。在三大营养成分中，以脂肪重量最大，体积最小，发热量最高。贮存脂肪越多，耐饥饿的能力也就越强。骆驼背上有1个驼峰（单峰驼）或2个驼峰（双峰驼），用来储存脂肪，这为其生活在食物缺乏的沙漠提供了帮助。

骆驼对盐分的需要明显较其他家畜高，喜食含盐量高的植物[51]。可采食盐分含量高的梭梭、碱菜等嗜盐植物；红柳、红砂等泌盐植物以及油蒿、沙蒿等滤盐植物。荒漠地区的水源，总矿化度一般都较高。骆驼能喝可使其他家畜中毒的苦水和咸水，无中毒现象产生[51]。

沙漠地区风大沙多，沙暴频繁。骆驼为适应此种环境，明显表现为睫毛长密下垂，两眼可随风向单独启闭，泪腺发达，即使沙尘入眼也能很快将其清洗。鼻孔狭长，启闭自如，遇风沙可缩小成细缝状，浓密的鼻毛能很好地过滤细沙[51]。骆驼颈长且弯曲，体型呈特有的高方形耳小平贴，耳毛丛生，头位高拉，离地面有2 m上下。所有这些，都能使它在风沙的侵袭下照常行走和采食[51]。

沙漠地面松软易滑，反作用力不强。骆驼为了能便于在这种地面上活动，四肢以指（趾）枕着地，蹄属软蹄（蹄底有厚的角质垫），其蹄进化成为柔软而富弹性并具有缓冲装置的软蹄盘结构，蹄底为一厚的角质垫，当着地时蹄面积增大，不致陷入沙中很深，这有利于其在沙漠中行走[51]。

此外，骆驼还可以通过其他一些生理学机制来适应干旱的沙漠环境。例如，通过面部血管选择性的脑冷以降低脑部的温度[63,66,67]。

在一些国家中，骆驼是非常重要的经济动物，并在人类的生活中扮演着极其重要的角色。此外，众多的研究表明，骆驼及其驼奶在人类的疾病治疗中具有非常重要的作用：

①骆驼具有特殊的免疫系统，免疫球蛋白分子量小，易穿透组织细胞，溶解性高。其体内轻链抗体缺失[68]。该研究表明，与其他动物不同，骆驼的血清中包括两种主要的抗体类型：常规的四聚体抗体和骆驼特有的重链二聚体抗体。除不包含常规抗体中的轻链抗体外，骆驼的重链二聚体抗体中还缺少常规重链抗体的固定区，这表明骆驼的二聚体抗体是极为特殊的一类抗体。然而，骆驼的这种特殊抗体的现象也并不是骆驼所特有的一种生物学现象。与骆驼相同的是，在一些软骨鱼中存在相似结构的抗体，如护士鲨、斑纹须鲨。进一步对不同物种来源的抗体活性进行研究，证明了仅有两条重链抗体的二聚体拥有完全的抗原结合能力。这极大地拓展了人类对于免疫系统工作机制的认识，而且有利于新型药物的研发。②骆驼奶含有丰富的生物活性蛋白，医疗作用大。驼乳中含溶菌酶、乳铁蛋白（Lf）、乳过氧化物酶（LP）和免疫球蛋白（Ig），这些物质有杀菌作用，可强化机体的免疫系统。驼乳对于糖尿病[69-71]、糖尿肾病[72]、慢性肝炎[73]具有辅助治疗的作用。③驼乳可以作为那些对牛奶过敏的儿童[74,75]和乳糖不耐受患者[76]的营养替代品。④驼乳可以减轻酒精肝的损伤[77]。⑤驼乳可以通过外部和内部的凋亡通路抑制癌细胞的生存和增殖[78,79]。⑥驼尿具有很强的抗血小板活性[80]。⑦驼尿对于抗癌和免疫调节具有特殊的功效，可以抑制细胞色素 P4501a1 的活性[81]。细胞色素 P4501a1 是一个已知的癌症活性酶，因此传统医学经常采用驼尿作为癌症的治疗措施之一[82]。此外，骆驼尿液蛋白可能参与众多的应激和免疫应答，同时还具有抗微生物活性[83]。

1.2.2.2 美洲驼族动物的生物学特性

如前所述，在骆驼科动物到达南美洲之前，其已经进化出快速踱步的步态。这种大的步幅和快速的踱步非常适合四肢较长的物种，且有利于其生活在开阔平整的栖息地。骆驼科动物 *Hemiauchenia* 在更新世早期的时候通过巴拿马陆桥（Panamanian land bridge）到达南美洲，随后分化形成 *Palaeolama* 和 *Lama*。美洲驼族现存四个物种，包括野生的原驼和小羊驼以及驯化的大羊驼和羊驼。这四种美洲驼的生物学特性比较详见表1-1。

由于生存环境不同，美洲驼族进化出了与骆驼族所不同的生物学特征，美洲驼族形成了对高海拔的适应性，而并不具有骆驼族特有的沙漠适应性。南美高原海拔高，氧气缺乏，气候寒冷，空气相对湿润，生活在该地区的美洲驼其血红蛋白对氧具有更大的亲和性[84]，其被毛具有更好的保暖性。

表1-1 美洲驼族动物一般生物学特性比较

Table 1-1 Comparison of the general biological characteristics of the South American camelids

类别 Categories	原驼 Guanaco	大羊驼 Llama	小羊驼 Vicuña	羊驼 Alpaca
科学命名	*Lama guanicoe*	*Lama glama*	*Vicugna vicugna*	*Vicugna pacos*
家养/野生	野生	家养	野生	家养
数量（百万）	0.6	3.6	0.08	3.2
趋势	减少	减少	增加	增加
海拔（m）	0~4 250	2 300~4 000	3 700~4 800	4 000~4 800
栖息地	沙漠草地，稀树草原，灌丛带和森林	高山牧场和灌木丛	高山的山间草地	高山牧场和湿地
食物	树叶和草	树叶和草	草	草
群体结构	迁徙或非迁徙，一雄多雌，季节性和永久领地	一雄多雌，领地性	非迁徙，一雄多雌，一年周期性的领地	一雄多雌，领地性
毛色	统一的黄棕色，腹部白色，头灰黑色	单色或多色	统一的黄棕色，腹部白色	单色或多色
重量（kg）	100~120	130~155	45~55	55~65
高度（肩胛部）	110~115	109~119	86~96	94~104
妊娠期（天）	345~360	348~368	330~350	342~345
繁殖季节	4—6月	12月至翌年3月	2—4月	12月至翌年3月
出生重（kg）	8~15	8~16	4~6	6~7

引自 Dransart P 等[85]

Cited from Dransart P et al.[85]

1.2.3 生物信息学及其发展历史

1.2.3.1 生物信息学概念

随着人类进入信息时代，计算机和信息分析已经遍布人类生活的各个领域。同时，生物和医学研究更是仰仗于对生物数据的信息分析。由于目前生物学研究受到信息技术的深刻影响，进而产生了一门新兴的交叉学科——生物信息学。尽管生物信息学已经是科学和技术领域非常流行的词汇，但截至目前，生物信息学却没有一个相应的标准定义。这主要是由于生物信息学的迅速发展对于一个正在迅速发展的学科很难给出相应的准确含义及研究范畴。这里，引用美国国立卫生研究院（US National Institutes of Health，NIH）给出的生物信息学定义，生物信息学是"对于日益爆炸性增长的生物、医学、行为或健康数据进行研究、开发或使用计算工具和方法，包括对这些数据的获取、表示、描述、存储、分析、可视化"等[86]。

作为生物信息学的一个相关领域——计算生物学，NIH 的定义是"开发和应用数据分析及理论方法、计算模型和计算机模拟技术来研究生物学、行为学和社会系统"[86]。从这两个定义中，我们可以得出，虽然 NIH 或者其他的研究者给出了这两个不太相同的定义，但是生物信息学和计算生物学的研究则毫无疑问的紧密结合在一起。因此，生物信息学和计算生物学这两个定义，在很多的时候是可以互换的。

生物信息学是一门边缘学科，它主要以生物学、计算科学和统计学这三门传统学科作为其主要的理论基础。因此，生物学、计算科学和统计学的研究者也认为生物信息学是各自研究领域的一门分支学科。随着生物信息学的发展，生物信息学的研究领域也陆续扩展到物理学、生物物理学、数学、化学和工程学等学科的研究范畴。从另一方面讲，生物信息学也更加趋向于形成一个独立的学科，并且开发出自己独有的理论基础、分析方法和计算技术。

1.2.3.2 生物信息学的发展历史

生物信息学这个词汇最早在 20 世纪 90 年代初被提出[87]。随着技术的发展，基因组学和生物信息学革命的浪潮席卷全球。在最近的 10 年中，生物信息学的研究领域经历了一个爆炸性的增长。在学术界以及公共领域的人们对于基因组学和生物信息学的研究普遍关心的问题包括遗传变异的分析、遗传信息的获取以及个人的隐私问题等。在过去的几年中，被认为是进行遗传信息分析和处理的生物信息学已经成为现代科学最为关注的学科领域。然而，这个新的领域却有着很长的一段研究历史。在先前的几十年中，生物信息学从一个非常小的研究范围和一群很少的研究者中，逐渐地变为一门主流的学科。随着生物信息学的发展，该领域的众多基础理论被提出，奠定了该学科目前的迅猛发展。以历史的角度来看，这里仅列举出当今生物信息学中一些重要的里程碑事件和相关研究进展。

（1）生物信息学的开端

在 20 世纪 70 年代以前，生物学家就开始了生物信息学的相关研究[87]。早期分子生物学的一些根本问题也是一些难以克服的算法问题。从这个意义上看，DNA 的结构、蛋白遗传信息的编码、蛋白结构的控制因素、蛋白的结构特性、生物化学通路的进化、基因的调节、发育的生物化学等基础问题都对计算问题具有非常大的帮助。与之平行的是，许多可能涉及生物信息学的计算问题，包括计算理论[88]、信息论[89]、语法的定义[90]、随机序列[91]、博弈论[92]、细胞自动机[93]等理论出现于 20 世纪 60—60 年代。这些早期算法的提出结合了计算和实验信息，这对于理解生物大分子、基因和蛋白的进化、分子的同源性、分子进化模式等方面具有更好的帮助。

生物信息学的大量关键理论在这个时期相继提出。例如，Zuckerkandl 和 Pauling 提出使用生物序列进行进化分析[94]，这奠定了基因和蛋白进化模式研究的计算理论基础，开创了分子进化的新领域。而 Fitch 和 Margoliash 开发了使用分子序列构建进化树的方法[95]，这对于更好地理解生物基因的进化提供了更好的帮助。Margaret Dayhoff 以及她的同事提出采用计分的方法（又名"突变矩阵"）比较蛋白序列之间的相似性，并开发出生物进化的蛋白数据库[96]，这也是生物信息学的第一个数据库。此外，该时期提出的其他生物信息学理论还包括第一个序列比对算法[97,98]、分子进化的自由选择模型[99]、蛋白质序列的最优氨基酸替代[100,101]、蛋白质一级结构的研究[102,103]、蛋白质二级结构氨基酸残基的参数推导[103,104]、蛋白质螺旋结构的提出[105]、基因复制的进化理论[106]等。因此，这个时期可以被认为是生物信息学和计算生物学的开端。

（2）生物信息学的理论构建

在 20 世纪 70 年代，随着生物信息学的发展，更多的分子生物学计算问题被相继提出，包括替代突变率的提出[107]、树形结构的经济决定论[108]以及众多的序列比对算法。这其中最为经典的是分子进化的群体遗传学理论的提出[109,110]，包括中性进化理论[111]和蛋白质进化速率的恒定性[112]，该理论又称分子钟假设[113]。这个时期其他的有进展的研究包括，解决了字符串比较的计算问题[114]、开发了对于生物大分子的并行处理的应用程序[115,116]等。在应用方面，针对免疫球蛋白家族[117]和转运 RNA 家族[118]等生物大分子家族的进化树被构建并分析。到了 70 年代中期，对于序列比对的理论和实践、分子进化的数据处理、核酸和氨基酸替代率的计算、进化树的构建、蛋白质二级结构和三级结构的分析等都取得了很大的进展[119]。在一定程度上，针对各种模型涉及的计算问题也都被计算生物学家做了详细的界定和区分。在这些问题中，生物信息学发展的瓶颈是缺少核心的参考数据集、软件资源以及获取它们的方法。而这些瓶颈问题的存在也对生物信息学随后 10 年的发展起到相对显著的促进作用。在 70 年代末期，生物信息学在字符串和序列比对理论[120]、进化树分析与构建[121]、蛋白结构的描述、可视化、分析和预测以及蛋白折叠问题等[122,123]都取得了相对显著的成果。而在 70 年代末期最为关键的一个进展是使用计算机对蛋白序列和结构数据进行储存、编译、校正和发布。这种趋势在生物信息学的随后发展过程中更为明显，并对生物信息学的发展起到了巨大的推动作用。而作为生物信息分析的根本——生物数据无偿共享也逐渐成为生物信息学发展的典型特点之一。

（3）生物信息学的理论发展与成熟

在 20 世纪 80 年代，生物信息学已经形成了一门独立的学科，具有自身特有的研究问题和领域。为了应对日益增长的数据量，各种生物信息学算法得到显著性的提高，而生物信息学计算工具则更加完善，并且更容易被广大科研人员所获得。同时，一些商业性的生物信息学软件也具有了一定的市场份额[124]。这一时期的生物信息学的发展主要包括以下 3 个方面。

① 序列分析理论和应用的发展。为了更好地理解生物数据所包含的生物学意义，利用计算机对核酸或蛋白序列进行分析已经成为一个必需的研究手段。而这一时期，相应的计算机科学的迅猛发展对生物序列分析提供了极为有利的硬件条件。这一时期，点矩阵（Dot-matrix）模型得到了很好的发展[125]。计算分析表明，不同的物种所使用的遗传密码也有所不同，并且不同物种间密码子的使用具有偏好性[126]。相对于起步较早的蛋白质结构预测，DNA[127]和 RNA[128]结构的预测在这一时期也有所报道。

在序列分析理论方面，一些关键性的序列比对算法被提出，如 Smith-Waterman 动态规划序列比对算法[129,130]、FASTA 数据库搜索算法[131,132]等。这些算法的提出为大规模序列比较分析和数据库搜索铺平了道路。与此同时，进化距离的计算[133]以及序列匹配的相似性[134]等相关概念和标准也被相继提出。在生物序列分析算法研究中，作为生物序列一个非常重要的组成部分——重复序列的理论和分析算法也被提出[135]。与此同时，基于矩阵的各种分析方法被相继提出，同时出现了整合的序列分析软件[136]。这一时期，序列比对方法则重点发展了多重序列比对和基于树的比对方法[119]。此外，通过 DNA 序列分析预测基因[137,138]和转录起始位点[139]的算法为人们寻找基因提供了极大的便利。而这些研究的发展，也使生物信息学研究逐渐被人们所重视。

② 生物信息学数据库的发展。20 世纪 80 年代是生物信息学数据库的一个快速发展时期，出现一大批国际性的生物信息服务机构和生物信息数据库。其典型特征是生物数据的快速增长和开始对生物数据的质量进行控制。这个时期出现了 3 个主要的生物信息学数据库，分别是美国的 GenBank 数据库、欧洲分子生物学实验室的 EMBL（European Molecular Biology Laboratory，EMBL）数据库和日本的 DDBJ（DNA Data Bank of Japan，DDBJ）数

据库。与之相对应的是各种相对应的生物信息学数据库软件和使用方法也被数据库的维护者及研究人员开发出来，为全球的生物学研究者使用生物信息学数据库进行分析提供相应的服务。这也意味着基于互联网和生物信息共享时代的正式到来。同时，基于生物数据的有效分析并通过实验室验证的研究方法，也开始改变了传统生物学研究的策略。

③ 蛋白数据分析方法日益完善。在近 10 年中，蛋白结构数据的分析和预测得到了非常大的发展。蛋白质的各种表现形式和可视化方法被开发出来[119]。与此同时，通过新的分析和算法，蛋白结构比较的效果得到了提高。另外，对于蛋白进化的研究也成为生物信息学研究中的一个关键领域。例如，大量研究揭示了蛋白中关键残基的协同性改变[140]，蛋白序列的分歧度和结构之间的关系[141]，蛋白折叠决定簇的分析[142]等。而所有的这些研究都加深了人们对于蛋白序列、结构和功能三者之间关系的认识。利用这些理论知识，众多蛋白质家族的序列和结构之间的关系被进行了详细的分析，如珠蛋白[143]、免疫球蛋白[144]等，这也标志着蛋白质数据分析的理论和方法变得日益成熟和完善。

（4）生物信息学与基因组学的发展

生物信息学发展的黄金时代开始于 20 世纪 90 年代，而这次蓬勃的发展主要是由于 1990 年启动的人类基因组计划（Human Genome Project, HGP）。这一时期的生物信息学研究领域中，采用精密的科学仪器来读取生物数据，其读取速度比以前要快得多。大规模、高通量的基因组测序所产生的海量数据，使生物信息学的研究面对诸多新的挑战。例如，在高通量测序的基础上，人类获得的生物数据量远远超过了以往多年的总和。而对于如此规模的数据，如何更为有效地对生物数据进行储存、发布和分析其中的生物学意义是生物信息学所要重点解决的问题。为了应对组学时代的要求，各种组学的生物信息学方法被提出，开启了研究生物系统的新手段。与之相呼应的是，生物信息学的主要研究方向也发生了改变，主要包括序列分析、基因组注释、进化生物学、文献分析、基因表达分析、调节网络分析、蛋白表达分析、基因突变与癌症分析、比较基因组学、系统生物学分析、高通量图像分析、高通量单细胞数据分析、结构生物信息学等。同时，计算机的运算速度更快而价格却更为便宜。利用专业的数据库和信息系统对生物数据进行存储、组织和检索已经成为生物信息学研究的必备条件，而互联网则为大规模数据和生物软件的获取提供了主要的网络平台。另外，众多新提出的生物信息学算法也被开发出具有友好用户界面的复杂软件包，提供给生物学研究者使用。许多实验生物学家开始使用各种生物软件进行生物数据的分析。而这其中，很多软件都通过网络交互界面完成分析[145]。这种生物信息学软件的广泛应用对生物学和医学的研究方式产生了革命性的影响。

人类基因组测序计划的完成，标志着基因组学的相关理论、方法和技术的成熟，基因组学和生物信息学的研究进入了一个全新的高度——后基因组时代（21 世纪初至今）。这一时期的生物信息学确立了以"组学"、系统综合研究为特征的分析方法。生物信息学已经成为当今生命科学乃至整个自然科学的重大前沿研究领域之一。生物信息学今后的主要研究目标是通过对基因组数据、转录组数据、蛋白质组等各种组学数据的大规模分析、比较与综合，从系统生物学的角度来揭示生物体的系统功能信息，以推进人们对生命活动基本规律的全面认识。

1.2.4　基因组测序技术

作为基因组研究的必备手段，DNA 测序技术的出现和发展，直接带动了基因组学的发展。而 DNA 测序技术的发展也经历了一个较为漫长的过程。

1.2.4.1　第一代 DNA 测序技术

第一代 DNA 测序技术的代表是双脱氧链终止法。自 1977 年 Sanger 提出双脱氧链终止测序方法[146]以来，该方法的主要原则就一直没有进行过改进。由于 Sanger 测序方法的理论能够很好地用机器自动化实现，因此 Sanger 测序法的出现彻底改变了人们的生物学视角。随着人类工业技术的不断进步，该方法的测序水平也在不断提高，其测序时间、测序质量和测序通量都较最初提出的时候得到了极大改善。其中，结合现代工业机器自动化的荧光自动测序技术大大提升了 Sanger 测序法的自动化水平，而毛细管电泳技术[147-150]的出现，不仅提高了片段分离的速率，并且可以对多个样本同时进行测序，这使 Sanger 测序通量得到极大的提升。此外，结合克隆策略和物理图谱的方法，Sanger 测序法能够对大的 DNA 片段甚至是全基因组序列进行测序。一些标志性基因组都是通过 Sanger 测序法得到的，如流感嗜血菌、酵母、大肠杆菌、线虫、拟南芥等，并且一些高等真核生物的基因组也采用了 Sanger 测序法，如人类基因组测序计划[151-153]。

1.2.4.2　第二代测序技术

虽然 Sanger 测序法一直以来因为可靠、准确，可以产生较长的测序读长而被广泛应用，但是其致命缺陷是测序速度慢，通量低。采用 Sanger 法进行基因组的测序，需要耗费大量的人力和物力。这些限制性的因素也促进了高通量、低成本、不需要克隆和定位的新一代 DNA 测序技术（Next generation sequencing，NGS）的发展。

第二代测序技术的出现均得益于成像技术、自动化、显微加工、纳米技术的发展。其共同原理是利用并行处理能力，读取多个短 DNA 序列，然后拼接成一个完整的基因组[154]。而第二代测序技术降低成本的方法包括，避免克隆、反应体系小型化、使用新的化学反应、使用大规模并行测序等。目前市场上第二代测序平台主要有 3 种，即采用合成法测序（Sequencing by synthesis）的 454 测序仪、Illumina 测序仪和使用连接法测序（Sequencing by ligation）的 SOLiD 测序仪。

相对于第二代测序技术，新近开发出的一些测序技术并不需要对 DNA 片段文库进行扩增，而是直接使用单个 DNA 分子进行直接测序。这些技术有时被称为第三代测序技术，包括 Helicos[155]、单分子实时 DNA 测序技术[156]以及采用纳米技术的 Ion Proton 测序仪[157]、纳米孔单分子测序技术（Nanopore DNA sequencing）[158]等。

第二代测序技术自推出以来，在基因组测序、SNPs 研究、转录组研究、非编码 RNA 研究、基因组注释、进化分析、DNA 甲基化、组蛋白修饰和定位 DNA 结合蛋白等方面得到了广泛应用，因此，该技术已经成为生物、医学等研究领域一个重要的应用技术。

相对于 Sanger 测序，第二代测序技术虽然具有测序通量高、成本低的优势，但是其不利条件也很明显。第一，新一代测序产生的片段较短。由于基因组中重复序列的存在，新一代测序技术在将测序短序列组装成高准确性的参考基因组方面还存在很大困难。第二，新一代测序技术虽然避免了克隆，但采用 DNA 片段的 PCR 扩增环节仍然较为复杂和难以控制。每一个步骤都有可能引入偏差和人为效应。第三，和 Sanger 测序法相比，新一代测序中的测序错误仍然较多。而 Sanger 测序法由于采用的是 DNA 聚合酶，具有极高的保真性。因此，Sanger 测序法仍然是测序领域的金标准。

随着测序技术的进步，这些存在的问题也会得到进一步地改善甚至消除，同时基因组和生物领域的研究将会取得更大的进步。

1.3 研究内容

（1）以阿拉善双峰驼、阿拉伯单峰驼和羊驼为研究对象，采用 Illumina Hiseq 2000 测序仪和全基因组鸟枪法测序策略，对这 3 个骆驼科动物进行全基因组高覆盖度测序。对测序后的数据进行数据过滤，并估计 3 个骆驼科动物的基因组大小，采用 SOAP *denovo* 软件进行组装，并对组装后的基因组序列进行 GC 含量、测序深度、组装准确性评价等分析，获得 3 个骆驼科动物的高质量基因组序列[159]。

（2）对获得的基因组组装序列，进行基因重复序列注释、基因预测、基因功能注释、ncRNA 注释，并对基因集评估，分析 3 个物种的直系同源基因[159]。

（3）利用大规模生物信息平台，对双峰驼、单峰驼和羊驼的基因组进行进化分析，主要包括共线性、片段复制、基因家族聚类分析、构建物种进化树、估算 3 个骆驼科动物的分歧时间、估算分支特异性 *Ka/Ks*、SNPs 判读和重建 3 个骆驼科动物群体的历史规模等，以了解骆驼科动物进化关系、分歧时间及其群体历史规模等[159]。

（4）利用各种比较基因组学方法和软件，将双峰驼、单峰驼和羊驼的基因组与已测序物种的基因组序列进行比较基因组学分析，主要包括基因家族扩张、正选择分析、包含特异氨基酸变异的蛋白筛查、基因获得和缺失分析、快速进化分析等，阐述骆驼沙漠适应性的遗传基础[159]。

（5）对双峰驼进行限水实验，采集实验动物的肾脏进行转录组测序，获得不同实验条件下，骆驼肾皮质和肾髓质的转录基因、表达量、差异表达基因及其差异基因的功能富集和 Pathway 富集结果。分析涉及钠离子代谢、水代谢、渗透调节、渗透保护和能量等相关基因的表达情况，阐述在长期干旱缺水的情况下骆驼肾脏的保水机制[159]。

研究技术路线见图 1-2。

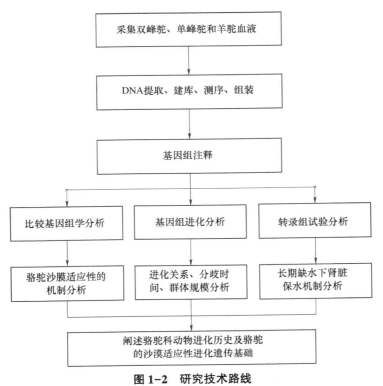

图 1-2 研究技术路线
Fig. 1-2 The technical route

第2章

骆驼科动物全基因组序列的测序与组装

　　随着第二代测序技术的普及，DNA 测序速度和单次的测序通量得到极大的提升，而测序成本的降低使众多研究者对基因组进行测序和研究成为可能。另外，生物信息学算法的更新，使人们能够将高通量测序所产生的短序列快速组装成基因组序列并进一步分析。因此，利用新一代的高通量测序技术，研究者可以在很短的时间内、以较低的成本对动物基因组的全序列进行测序，并组装成基因组序列。从而为解析动物基因组所包含的真正奥秘，挖掘动物基因组中抗病、抗逆等的优质基因，以及进一步的分子育种提供了便利条件。通过对双峰驼、单峰驼和羊驼 3 个骆驼科动物基因组测序，获得其基因组序列并进行比较基因组学分析，有利于揭示骆驼特殊的沙漠适应性。

2.1　材料与方法

2.1.1　试验材料

　　试验测序所用双峰驼（Bactrian camel，*Camelus bactrianus*）的试验样本采自内蒙古阿拉善盟，其血液样本来自一峰体型健硕的雌性阿拉善双峰驼。羊驼（Alpaca，*Vicugnapacos*）的实验样本采自山东青岛市的羊驼饲养场，其血液样本来自一峰雌性羊驼。用采血针从颈部采集 50 mL 的全血置于预先已加入抗凝血剂的离心管中，立即放置于液氮中带回实验室。单峰驼（Dromedary/Arabian camel，*Camelus dromedarius*）样本由沙特阿拉伯的阿卜杜勒阿齐兹国王科技城（King Abdulaziz City for Science and Technology，

KACST）国家生物技术中心提供，血液样本为雄性阿拉伯单峰驼。

2.1.2　DNA 提取及检测

双峰驼、单峰驼和羊驼血液各 10 mL 用于提取，经红细胞裂解液处理、核裂解液处理、Proteinase K 消化过夜，酚氯仿抽提后异丙醇沉淀 DNA，用乙醇洗沉淀，最后溶于 TE buffer。采用 Quant-iTTM dsDNA HS Assay Kit 分析试剂盒，利用 Qubit fluorometer 的方法对提取的 DNA 样本进行定量分析。对于 DNA 样品的完整性，采用琼脂糖凝胶电泳的方法检测，其胶浓度为 0.5%，电压设定为 80 V，电泳时间为 120 min。

2.1.3　基因组测序

对双峰驼、单峰驼和羊驼 DNA 分别各自构建插入片段长度为 170 bp（base pairs）、500 bp、800 bp、2 kb（Kilo base pairs）、5 kb、10 kb 的基因组双末端（Pair-end，PE）测序文库。对双峰驼 DNA 单独构建插入片段长度为 20 kb 的基因组双末端测序文库。在得到不同插入长度的文库之后，对双峰驼、单峰驼和羊驼的基因组采用全基因组鸟枪法的测序策略，使用 Illumina Hiseq 2000 测序系统对这 3 个物种的基因组进行测序。

2.1.4　测序数据过滤

为了减少由于测序错误对双峰驼、单峰驼和羊驼的基因组组装造成的不利影响，对这 3 个骆驼科动物的 Illumina Hiseq 原始测序数据中的低质量测序短序列（reads）进行过滤，潜在的测序错误被移除或通过 K-mer 频率的方法进行校正。为了获得组装所用的高质量序列，采用以下的序列过滤标准[160]以减少测序错误：

（1）去除序列中不确定碱基（N）含量超过 5% 的序列。

（2）去除低质量碱基数目达到一定程度的序列：低质量碱基数大于 40% 的小片段插入序列和低质量碱基数大于 60% 的大片段插入序列将被从原始测序数据中移除。这里设定碱基质量低于 20 的为低质量测序碱基，设定 170 bp、500 bp、800 bp 的插入序列测序文库为小片段文库，而 2 kb、5 kb、10 kb、20 kb 的插入序列测序文库为大片段文库。

（3）去除有接头污染的序列。这里设定与接头序列至少 10 bp 比对上，且错配数不多于 3 个的测序序列为有接头污染的序列。

（4）去除双末端测序得到的序列 1 和序列 2 有重叠的序列。这里设定序列 1 和序列 2 重叠至少 10 bp，且错配低于 10% 的两条序列为重叠序列。

（5）去除 PCR 重复的序列。这里设定序列 1 和序列 2 完全一样，视为 PCR 重复序列。

2.1.5　K-mer 分析估计基因组大小

K-mer 是指从测序所获得的序列上，人为设定的一段长度为 K bp 的序列。对于一条长度为 L bp 的序列，则可以得到（L-K+1）条长度为 K bp 的 K-mer 序列。每种具有不同碱基序列的 K-mer 称为一种 K-mer。对于一种 K-mer，在对基因组序列进行 K-mer 截取操作获得的所有 K-mer 中可能出现一次或者多次，将一种 K-mer 出现的次数称为该 K-mer 的深度值或频数。将对应于同一深度值的不同 K-mer 的种类数称为该深度值的频数。每条 K-mer 的频率可以通过对基因组测序序列进行计算得出。对基因组测序获得的序列取 K-mer，统计每个 K-mer 出现的频数。在基因组的测序数据量一定的情况下，K-mer 出现的频数与测序深度的梯度相一致，服从泊松分布。碱基深度按式（1）进行计算，K-mer 深度按式（2）进行计算：

$$b_{depth} = \frac{b_{num}}{G} \tag{1}$$

$$k_{depth} = \frac{k_{num}}{G} \tag{2}$$

则可以得到式（3）来估计基因组大小

$$G = \frac{k_{num}}{k_{depth}} = \frac{b_{num}}{b_{depth}} \tag{3}$$

式中，k_{num}——K-mer 的总个数；k_{depth}——K-mer 期望深度；b_{num}——碱

基个数；b_{depth}——碱基期望深度；其中 K-mer 期望深度，k_{depth} 通过 K-mer 深度分布曲线获得。研究中，选择 K = 17 估计 3 个骆驼科动物的基因组大小。其方法[160]是选取数据过滤后的小片段数据，去掉质量较差的序列末端。从序列中逐碱基获取 K-mer，计算每个 K-mer 的频数即 K-mer 深度，然后统计每个深度对应的 K-mer 个数，从而获得各个深度的频数。

2.1.6　小片段数据纠错

测序错误会导致新的 K-mer 出现。由于基因组测序出现错误的概率很低，所以这些新出现的 K-mer 其频数都很低。在基因组的测序量足够大的情况下，可以认为低频数 K-mer 的出现主要是由测序仪的测序错误导致的。对这些低频的 K-mer 所在的测序短序列上的错误碱基进行校正，称为数据纠错。纠错的过程[161]就是先选取高质量数据建立 K-mer 频数表，通过设置界限值可以将 K-mer 分为高频 K-mer 和低频 K-mer。对于有低频 K-mer 出现的测序短序列，通过改变这些测序短序列上某些碱基，可以使得整个测序短序列上的 K-mer 均变为高频 K-mer，进而能够纠正由于测序错误所导致的序列碱基错误。因为大片段在建库的时候经过环化的过程，而且在组装过程中只起到定位的作用，所以大片段并不参与到纠错的过程中去。

2.1.7　骆驼科动物基因组的组装

本试验获得的 3 个骆驼科动物的测序数据使用 SOAP *denovo*（Version 1.05）[162]（http：//soap. genomics. org. cn）软件进行基因组组装，处理的对象是对基因组原始的测序数据进行过滤纠错后剩下的序列。

利用 SOAP *denovo* 进行基因组的组装，主要分为 3 步：①构建重叠群（Contig）。将所有的测序短序列打成 K-mer，并构建 *de Bruijn* 图，根据给定的参数对 *de Bruijn* 图做一些简化，最后连接 K-mer 的路径即可得到重叠群序列。②构建支架（Scaffold）。将大片段 DNA 测序文库的测序短序列定位到重叠群序列上去，利用大片段 DNA 测序文库的序列之间的末端配对关系对重叠群之间的连接关系进行分析判断，最终得到支架序列。③补洞。首先对覆盖度比较高的序列进行屏蔽，利用一端位于重叠群序列上而另外一端位于同一个空洞（Gap）上的序列进行局部组装。过程如图 2-1 展示。

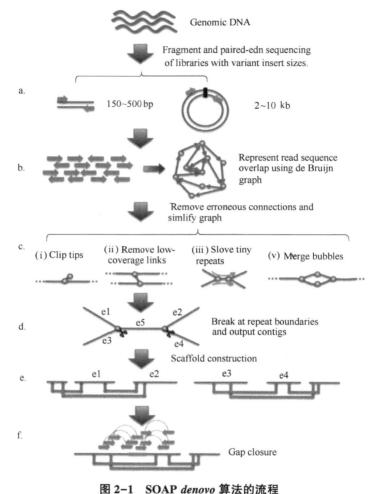

图 2-1　SOAP *denovo* 算法的流程

Fig. 2-1　Algorithm flowchart of SOAP *denovo*

2.1.8　骆驼科动物基因组的测序效果评价

为了分析 3 个骆驼科动物基因组序列的碱基分布特征和测序随机性，进行了 GC 含量分析。GC 含量与测序深度关系的分析中，以 10 kb 为窗口无重叠（Overlap）计算其 GC 含量和平均深度。基因组 GC 含量分布分析是将组装的基因组序列以 500 bp 为窗口，窗口之间有 250 bp 的重叠，计算每个窗口的 GC 含量。

　　完成基因组组装后，为了评价单碱基覆盖深度并反映碱基准确性，进行碱基深度分析。采用 SOAPaligner 将过滤之后的测序短序列比对回拼接的基因组序列上，比对时序列允许 3 个错配。然后根据比对结果统计每个碱基被覆盖的次数，从而可以得到各种测序深度的碱基占全基因组的百分比。

2.2　结果与分析

2.2.1　DNA 样品检测结果

　　样品总量需根据建库需求量进行评估，以 Qubit fluorometer 定量结果为准（表2-1）。构建一个普通双末端、单末端（Single-end，SE）文库需要 DNA 5 μg；构建一个 2~5 kb 文库需要 DNA 20 μg；构建 10 kb 文库需要 DNA 40 μg 以上；构建 20 kb 文库需要 DNA 60 μg 以上。从双峰驼 DNA 的琼脂糖凝胶电泳图（图2-2）中可以看出，所提取样品的 DNA 主带比较完整、明显，达到 40 kb 以上。定量检测结果表明，样品浓度较高，总量足够，符合后续试验要求，可以进行文库制备。

表 2-1　双峰驼和羊驼血液 DNA 提取样本的 Qubit fluorometer 定量结果

Table 2-1　Qubit fluorometer quantitative results of Bactrian camel and alpaca blood samples for DNA extraction

样品名称 Sample name	浓度 Concentration（ng/μL）	体积 Volume（μL）	总量 Total（μg）
双峰驼	653	400	261.2
羊驼样本 1-3	1 100	200	220
羊驼样本 2-3	726	50	36.3
羊驼样本 3-3	1 300	100	130

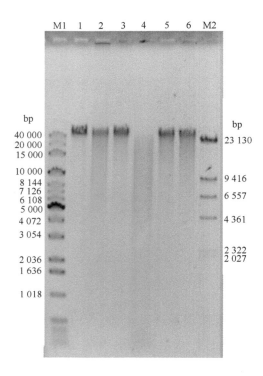

图 2-2　双峰驼血液 DNA 样本电泳检测结果
Fig. 2-2　Electrophoresis DNA test results of blood samples for Bactrian camel

注：M1 为 1kb Extension DNA Ladder（Invitrogen），1 为 Control DNA；2，4~6 为其他样品；3 为阿拉善双峰驼；M2 为 λ-Hind Ⅲ digest（Takara）。

Note：M1：1 kb Extension DNA Ladder（Invitrogen），1：Control DNA；2，4~6：other samples；3：Alex Bactrian camel；M2：λ-Hind Ⅲ digest（Takara）．

2.2.2　基因组测序结果

　　分别对双峰驼、单峰驼和羊驼构建的不同长度的双末端测序文库进行 Illumina Hiseq 2000 测序，获得其原始测序数据（表 2-2 至表 2-4）。对 3 个骆驼科动物基因组的测序原始数据进行统计，可以得出，双峰驼基因组的测序总量为 266.4 Gb（Giga base pairs，Gb），单峰驼的测序总量为 174.64 Gb，羊驼的测序总量为 230.8 Gb。根据 K-mer 分析，估计的双峰驼

表 2-2　双峰驼基因组测序原始数据统计

Table 2-2　Statistics of raw data for the Bactrian camel genome

双末端文库 Pair-end libraries	插入片段长度 Insert size	平均序列读长 Average reads length（bp）	数据总量 Total data（Gb）	测序深度 Sequence coverage（X）	物理覆盖度 Physical coverage（X）
	170 bp	100	69.6	29.00	24.65
	500 bp	100	45.6	19.00	47.50
	800 bp	100	39.5	16.46	65.83
Solexa reads	2 kb	49	56.6	23.58	481.29
	5 kb	49	24.8	10.33	527.21
	10 kb	49	11.0	4.58	467.69
	20 kb	49	19.3	8.04	1 641.16
Total	—	—	266.4	110.99	3 253.33

注：估计的双峰驼基因组的大小为 2.4 Gb（表 2-8）。

Note：The genome size is estimated to be 2.4 Gb for Bactrian camel genome（Table 2-8）.

表 2-3　单峰驼基因组测序原始数据统计

Table 2-3　Statistics of raw data for the dromedary genome

双末端文库 Pair-end libraries	插入片段长度 Insert size	平均序列读长 Average reads length（bp）	数据总量 Total data（Gb）	测序深度 Sequence coverage（X）	物理覆盖度 Physical coverage（X）
	170 bp	100	53.95	23.45	20.71
	500 bp	100	40.61	17.66	42.99
	800 bp	100	35.56	15.48	62.15
Solexa reads	2 kb	49	18.79	8.17	185.70
	5 kb	49	15.61	6.78	385.55
	10 kb	49	10.15	4.41	501.47
Total	—	—	174.64	75.98	1 198.54

注：估计的单峰驼基因组的大小为 2.3 Gb（表 2-8）。

Note：The genome size is estimated to be 2.3 Gb for dromedary genome（Table 2-8）.

基因组大小为 2.4 Gb，单峰驼基因组大小为 2.3 Gb，羊驼基因组大小为 2.6 Gb。因此，双峰驼基因组原始数据的测序深度为 110.99 乘（X），单峰驼基因组原始数据的测序深度为 75.98 乘，羊驼基因组原始数据的测序深度为 88.78 乘。计算得到的双峰驼、单峰驼和羊驼 3 个骆驼科动物基因组原始数据的物理覆盖度分别为 3 253.33 乘、1 198.54 乘和 1 819.67 乘。据此可以得出，双峰驼、单峰驼、羊驼 3 个骆驼科动物的基因组测序得到原始数据充分，测序策略正确，可以用于下一步的基因组数据过滤。

表 2-4 羊驼基因组测序原始数据统计

Table 2-4 Statistics of raw data for the alpaca genome

双末端文库 Pair-end libraries	插入片段长度 Insert size	平均序列读长 Average reads length（bp）	数据总量 Total data（Gb）	测序深度 Sequence coverage（X）	物理覆盖度 Physical coverage（X）
	170 bp	100	49.0	18.85	16.02
	500 bp	100	41.5	15.95	39.86
	800 bp	100	32.2	12.39	49.57
Solexa reads	2 kb	49	65.6	25.23	515.29
	5 kb	49	23.9	9.19	468.82
	10 kb	49	18.6	7.16	730.10
Total	—	—	230.8	88.78	1 819.67

注：估计的羊驼基因组的大小为 2.6 Gb（表 2-8）。

Note：The genome size is estimated to be 2.6 Gb for alpaca genome（Table 2-8）.

2.2.3 测序数据过滤结果

对基因组测序获得的原始数据进行过滤。低质量和重复序列被从原始数据中剔除。经过过滤后，双峰驼基因组测序数据为 190.3 Gb（79.29 X），单峰驼为 149.5 Gb（65.01 X），羊驼为 188.6 Gb（72.53 X）（表 2-5 至表 2-7）。从这 3 个表的统计结果可以得出，过滤后的数据充分，可以用于基因组组装。

表 2-5　双峰驼基因组测序过滤后数据统计

Table 2-5　Statistics after error correction for the Bactrian camel genome

双末端文库 Pair-end libraries	插入片段长度 Insert size	平均序列读长 Average reads length（bp）	数据总量 Total data（Gb）	测序深度 Sequence coverage（X）	物理覆盖度 Physical coverage（X）
	170 bp	98	63.1	26.29	22.80
	500 bp	100	39.7	16.54	41.35
Solexa reads	800 bp	100	30.5	12.71	50.83
	2 kb	49	33.6	14.00	285.71
	5 kb	49	11.7	4.88	248.72
	10 kb	49	5.5	2.29	233.84
Total	20 kb	49	190.23	79.38	527.02 1146

注：估计的双峰驼基因组的大小为 2.4 Gb（表 2-8）。

Note：The genome size is estimated to be 2.4 Gb for Bactrian camel genome（Table 2-8）.

表 2-6　单峰驼基因组测序过滤后数据统计

Table 2-6　Statistics after error correction for the dromedary genome

双末端文库 Pair-end libraries	插入片段长度 Insert size	平均序列读长 Average reads length（bp）	数据总量 Total data（Gb）	测序深度 Sequence coverage（X）	物理覆盖度 Physical coverage（X）
	170 bp	100	48.8	21.22	18.74
	500 bp	100	35.99	15.56	39.14
Solexa reads	800 bp	100	24.93	10.84	53.43
	2 kb	49	17.173	7.47	169.69
	5 kb	49	14.03	6.1	346.48
	10 kb	49	8.6	3.74	425.52
Total	—	—	149.5	65.01	1 053

注：估计的单峰驼基因组的大小为 2.3 Gb（表 2-8）。

Note：The genome size is estimated to be 2.3 Gb for dromedary genome（Table 2-8）.

2.2.4　K-mer 分析估计基因组大小的结果

从图 2-3 中可以看出，双峰驼、单峰驼、羊驼 3 个骆驼科动物基因组中，没有显著性的杂合峰和重复序列峰。这表明，3 个物种的测序采用"鸟枪法"测序策略合适，适于进行下一步的基因组组装。采用 17-mer 估计这

表 2-7　羊驼基因组测序过滤后数据统计

Table 2-7　Statistics after error correction for the alpaca genome

双末端文库 Pair-end libraries	插入片段长度 Insert size	平均序列读长 Average reads length（bp）	数据总量 Total data（Gb）	测序深度 Sequence coverage（X）	物理覆盖度 Physical coverage（X）
	170 bp	95	44.6	17.16	15.35
	500 bp	100	36.3	13.96	34.91
Solexa reads	800 bp	100	29.1	11.20	44.80
	2 kb	49	53.0	20.38	415.87
	5 kb	49	17.4	6.71	342.36
	10 kb	49	8.1	3.12	318.77
Total	—	—	188.6	72.53	1 172.07

注：估计的羊驼基因组的大小为 2.6 Gb（表 2-8）。

Note：The genome size is estimated to be 2.6 Gb for alpaca genome（Table 2-8）.

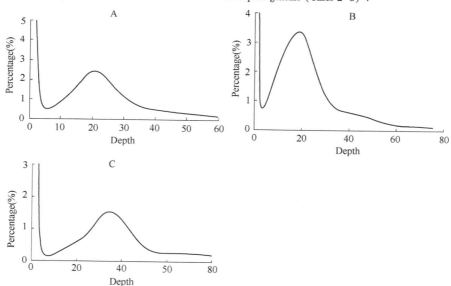

图 2-3　双峰驼、单峰驼和羊驼的 17bp-mer 估计基因组大小

Fig. 2-3　17 bp-mer estimation of the genome size of Bactrian camel（a），

dromedary（b）and alpaca（c）

注：X 轴代表测序深度；Y 轴代表的是对于一个给定的测序深度 K-mer 的一个百分比。

Note：The X-axis represents the sequencing depth, the Y-axis represents the proportion of a K-mer counts in total K-mer counts at a given sequencing depth.

3 个骆驼科动物基因组的大小。通过统计（表 2-8），双峰驼基因组 K-mer 的平均深度为 21 乘，单峰驼基因组 K-mer 的平均深度为 20 乘，羊驼基因组 K-mer 的平均深度为 35 乘。通过 K-mer 估计的双峰驼基因组大小为 2.4 Gb，估计的单峰驼基因组大小为 2.3 Gb，估计的羊驼基因组大小为 2.6 Gb。

表 2-8　3 个物种的 17-mer 统计

Table 2-8　17-mer statistics for the genomes of three species

物种 Species	K 数量 K number	K 深度 K depth（X）	基因组大小 Genome size（bp）	使用碱基 Used base（bp）	使用序列 Used read	物理覆盖度 Physical coverage （X）
双峰驼	51 384 018 738	21	2 446 858 035	62 606 245 250	701 389 157	25.59
单峰驼	45 493 835 953	20	2 274 691 798	59 913 535 345	901 231 212	26.3
羊驼	92 057 544 526	35	2 630 215 557	110 039 540 270	1 123 874 34	41.84

2.2.5　小片段数据纠错的结果

由于 $4^{17} = 16$ G 远远大于基因组的大小，可使用 17-mer 对双峰驼和羊驼的基因组数据纠正潜在的错误。对于双峰驼，17-mer 的期望频数是 46，考虑到深度低于 10 是低频的 17-mer，从原始的测序短序列中纠正了 0.18% 的碱基，并且删除了 0.40% 的测序短序列。羊驼 17-mer 的期望频数是 35，考虑到深度低于 8 是低频的 17-mer，以该值作为低频和高频 K-mer 的临界值进行纠错，最后从原始的测序短序列中纠正了 0.04% 的碱基，并且删除了 0.85% 的测序短序列，删除 1.96% 的碱基。

2.2.6　3 个骆驼科动物基因组的组装结果

对双峰驼、单峰驼、羊驼 3 个骆驼科动物基因组测序过滤后的数据采用 SOAP *denovo* 软件进行组装，并对组装的各项指标进行统计（表 2-9 至表 2-11）。结果表明，组装的双峰驼基因组 Contig N50 为 24.9 kb，Scaffold N50 为 8.8 Mb；组装的单峰驼基因组 Contig N50 为 54.1 kb，Scaffold N50 为

4.1 Mb；组装的羊驼基因组 Contig N50 为 66.3 kb，Scaffold N50 为 5.1 Mb；组装的双峰驼、单峰驼和羊驼的基因组大小分别为 2.01 Gb、2.01 Gb 和 2.05 Gb。

表 2-9　双峰驼基因组组装统计结果

Table 2-9　Statistics of the Bactrian camel genome assembly

	重叠群（Contig）		支架（Scaffold）	
	大小 Size（bp）	数量 Number	大小 Size（bp）	数量 Number
N90	6 585	82 329	1 733 708	262
N80	11 069	59 395	3 388 351	180
N70	15 392	44 207	4 768 372	130
N60	19 894	32 837	6 833022	95
N50	24 909	23 893	8 760 594	69
Longest	203 396	—	46 538 883	—
Total Size	1 992 031 745	—	2 005 902 022	—
Total Number（>100 bp）	—	282 890	—	140 480
Total Number（>2 kb）	—	118 086	—	2 067

表 2-10　单峰驼基因组组装统计结果

Table 2-10　Statistics of the dromedary genome assembly

	重叠群（Contig）		支架（Scaffold）	
	大小 Size（bp）	数量 Number	大小 Size（bp）	数量 Number
N90	11 564	40 276	655 632	608
N80	21 141	27 746	1 275 205	396
N70	30 944	19 994	2 122 940	272
N60	41 675	14 457	2 976 236	192
N50	54 135	10 265	4 123 295	134
Longest	539 544		23 736 781	
Total Size	1 992 183 914		2 014 928 193	
Total Number（>100 bp）		203 456		117 723
Total Number（>2 kb）		67 075		3 395

表 2-11　羊驼基因组组装统计结果

Table 2-11　Statistics of the alpaca genome assembly

	重叠群 (Contig)		支架 (Scaffold)	
	大小 Size (bp)	数量 Number	大小 Size (bp)	数量 Number
N90	13 519	33 546	897 665	453
N80	26 079	22 965	1 948 216	302
N70	38 461	16 564	2 898 773	217
N60	51 492	11 988	3 985 457	157
N50	66 333	8 491	5 130 339	111
Longest	678 740	—	27 394 153	—
Total Size	2 036 384 627	—	2 049 118 570	—
Total Number (≥100 bp)	—	385 723	—	319 453
Total Number (≥2 kb)	—	53 994	—	4 314

2.2.7　3 个骆驼科动物基因组的组装后基因组分析

2.2.7.1　基因组 GC 含量分析

由于不同物种基因组序列中 GC 或 AT 的分布表现为不同的特征，而且基因组中不同的 GC 含量可能对测序随机性产生影响。为了分析双峰驼、单峰驼和羊驼基因组序列的碱基分布特征及其测序随机性，对这 3 个骆驼科动物的基因组进行 GC 含量分析。

根据图 2-4 可以看出，双峰驼、羊驼、单峰驼基因组整体的测序深度较高，基因组 GC 分布相对集中，整个 GC 分布范围内覆盖深度比较好，基本都在 45X 以上。而单峰驼由于测序个体为雄性，所以在主带下面存在一个附带，且附带测序深度为主带一半左右，符合实际情况。

将双峰驼、单峰驼和羊驼组装的基因组序列以 500 bp 为窗口（Window），窗口之间有 250 bp 的重叠，计算每个窗口的 GC 含量。根据图 2-5 可以看出，双峰驼（*C. bactrianus*）、单峰驼（*C. dromedarius*）、羊驼（*V. pacos*）基因组的 GC 含量分布较为接近，其基因组的平均 GC 含量在

41%左右，这也反映出这3个骆驼科动物的基因组的组成较为接近。

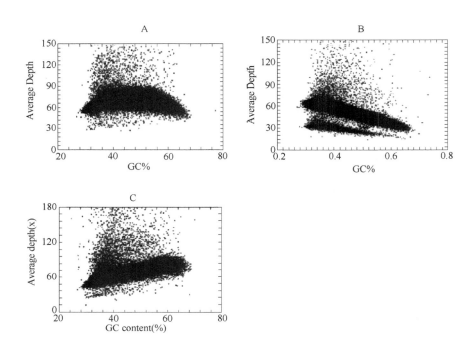

图2-4　双峰驼、单峰驼和羊驼基因组 GC 含量与测序深度关系分布

Fig. 2-4　Correlation between GC content and sequencing depths in genomes of Bactrian camel，dromedary and alpaca

注：双峰驼为 A 图；单峰驼为 B 图；羊驼为 C 图。X 轴代表 GC 含量，Y 轴代表平均深度。

Note：Bactrian camel is A figure，dromedary is B figure and alpaca is C figure. The x-axis represents the GC content and the y-axis represents the average depth.

2.2.7.2　基因组测序深度分析

为了评价双峰驼、单峰驼和羊驼基因组的单碱基覆盖深度及碱基准确性，进行碱基深度分析。从图2-6可以看出，双峰驼、单峰驼和羊驼基因组中覆盖深度小于10所占的比率分别为 0.63%、2.22%和 0.90%，且 3 个物种基因组平均测序深度均超过60乘，这表明这3个骆驼科动物基因组测序碱基准确。

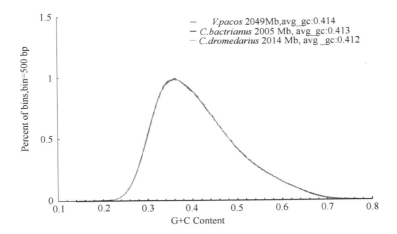

图 2-5　双峰驼、单峰驼和羊驼基因组 GC 含量分布

Fig. 2-5　GC content distribution for the genomes of Bactrian camel, dromedary and alpaca

注：X 轴代表 GC 含量，Y 轴代表该 GC 含量下的 windows 数目所占比例。

Note：The x-axis shows the GC content and the y-axis represents the ratio of the bin number divided by the total windows.

A

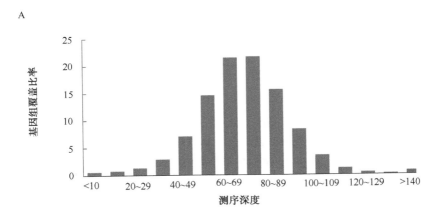

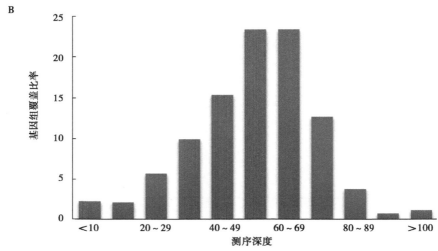

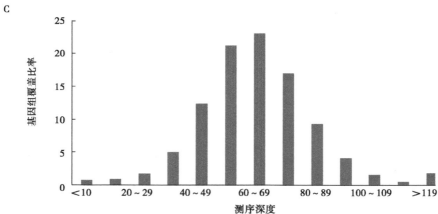

图 2-6　双峰驼、单峰驼和羊驼基因组测序深度分布

Fig. 2-6　Sequencing depth distribution for genomes of Bactrian camel，
dromedary and alpaca

注：双峰驼为 A 图；单峰驼为 B 图；羊驼为 C 图。X 坐标为深度，Y 坐标为该深度的碱基数目占所有
碱基数目的比例。

Note：Bactrian camel is A figure，dromedary is B figure and alpaca is C figure. The x-axis shows the depth and
the y-axis represents the ratio of the base number divided by the total bases.

2.3　讨论

2.3.1　测序物种的选择

　　对生物进化及其环境适应性进行研究一直是生物学的研究热点之一。骆驼在长期的进化过程中形成了独特的沙漠适应性，对骆驼进行比较基因组学研究，有助于探寻骆驼基因组中所蕴含的沙漠适应性的机理。虽然在先前的文献报道中已经有了关于双峰驼基因组的研究[13,14]，但是这些研究并没有从基因组水平上系统阐述骆驼的沙漠适应性。为了从基因组、转录组等多组学的水平上对骆驼的进化及沙漠适应性进行详细、系统的研究，本试验对骆驼科动物的基因组进行测序及相关分析。

　　随着生物信息学的发展，各种比较基因组学的分析方法不断出现，使人们可以从基因组层次上揭示生物的进化、选择及其环境适应性等问题。而使用比较基因组学研究，需要获得具有不同进化程度的物种、不同环境适应性的物种、不同亲缘关系的物种的基因组，才能对这些物种基因组中存在的差异进行研究。骆驼科动物起源于 45.9 Mya 的北美大陆[17,18]，由于迁徙和生活环境的改变，骆驼科动物进化成具有沙漠适应性的骆驼族和具有高原适应性的美洲驼族。其中，骆驼族包括双峰驼和单峰驼两种，美洲驼族包括原驼、大羊驼、小羊驼和羊驼四种骆科动物。双峰驼主要生活在寒带地区的沙漠、荒漠、戈壁地带，属于寒带骆驼。而单峰驼主要生活在热带地区的沙漠地带，属于热带骆驼。在美洲驼族中，羊驼的饲养量大、经济价值高。羊驼对于南美高原气候具有很好的适应性，但并没有表现出对沙漠环境的适应性。为了更好地系统研究骆驼科动物的进化和环境适应性，本试验选取了阿拉善双峰驼、阿拉伯单峰驼两种骆驼，并选取了与骆驼族亲缘关系较近，但并不是沙漠动物的羊驼作为研究对象进行基因组测序。

2.3.2　测序平台与策略

作为基因组研究的必备手段，DNA 测序技术的出现直接带动了基因组学的发展。相对于第一代测序技术，以 Illumina 公司的 HiSeq 测序仪、罗氏公司 454 测序仪和应用生物系统（Applied biosystems）公司的 SOLiD 测序仪为主要测序平台的第二代测序技术使人们可以在更短的时间内、以极低的成本去获得高通量的基因组数据。随着基因组测序技术发展，基因组的测序策略也进行了改进。与逐个克隆法相比，"鸟枪法"优点是速度快、简单易行、成本较低。与此同时，各种基因组组装软件也相继开发出来，如 SOAP denovo[162]、velvet[163]、SGA[164] 和 ALLPATHS[165] 等。在此基础上，各种生物的基因组被测序，如熊猫[159]、裸鼹鼠[166] 等。因此，本试验采用主流的第二代测序技术，选取 Illumina 公司 HiSeq 2000 测序仪作为测序平台，同时选用了鸟枪法测序策略进行双峰驼、单峰驼和羊驼 3 个骆驼科动物的基因组测序。

2.3.3　基因组大小的估计

基因组的大小具有物种的特异性，不同的物种其基因组大小是不相同的。对待测序的目标物种的基因组大小进行估计，关系到对以后组装结果正确与否的判断。在进行物种基因组大小评估的时候，可以采用流式细胞仪[167-169]、福尔根染色[170]、定量 PCR[171,172] 等实验方法确定基因组大小。此外，利用生物信息学的 K-mer 方法估计物种的基因组大小[166] 也是一种便利的方法。另外，动物基因组大小数据库（Animal Genome Size Database）[173] 收集了已发表文献中通过实验方法获取的基因组大小。可以通过对该数据库进行查询，获取目的物种的基因组大小。本试验选择 K-mer 方法估计双峰驼、单峰驼和羊驼的基因组大小分别为 2.4 Gb、2.3 Gb 和 2.6 Gb。估计出来的 3 个骆驼科物种基因组大小相差很小，这和 3 个物种具有较近的亲缘关系的相一致。同时，为了验证通过 K-mer 方法估计的 3 个骆驼科物种基因组大小的准确性，查询动物基因组大小数据库[173]，该数据库中双峰驼基因组大小的两条记录分别为 2.41 Gb 和 2.86 Gb，单峰驼基因组大小的两条记录分别为 2.62 Gb 和 2.97 Gb。该结果也和本试验估计出来双峰驼和单峰驼基因组大小相一致或类似，从而证实了估计双峰驼、单峰驼基因组大小的准确性。

2.3.4　基因组的组装指标

由于基因组测序时所采用的技术和平台不同，并且各个物种的基因组组成不同，其基因组复杂度和 GC 含量、重复序列等特性也各异。因此，对于基因组的组装效果的评价并没有一个统一的指标。通常情况下，选取 Contig N50、Scaffold N50、基因覆盖度和基因组覆盖度等作为基因组组装效果的评价项目。对于哺乳动物的基因组，一般选择 Contig N50 >20 kb 和 Scaffold N50 >300 kb 作为评价基因组组装效果的两个指标。例如，牦牛基因组 Contig N50 和 Scaffold N50 分别为 20.4 kb 和 1.4 Mb[12]。在本研究中，组装的双峰驼、单峰驼和羊驼的基因组 Contig N50 分别为 24.9 kb、54.1 kb 和 66.3 kb，Scaffold N50 分别为 8.8 Mb、4.1 Mb 和 5.1 Mb。这表明，基因组的组装效果已经达到了较好的水平。Jirimutu 报道[13]，组装的双峰驼基因组 Contig N50 为 85 kb，Scaffold N50 为 2 Mb，组装的基因组长度为2.01 Gb。Burger 报道[14]，组装的双峰驼基因组的 Contig N50 为 2.8 kb，组装的基因组长度为 1.57 Gb。与这两个报道相比，本试验中获得的双峰驼、单峰驼和羊驼的基因组组装数据在组装的总长度上与 Jirimutu 报道的双峰驼组装结果[13]相一致，而比 Burger 报道[14]长。同时，本试验组装的 3 个骆驼科动物基因组 Scaffold N50 长度均比 Jirimutu 报道的双峰驼组装结果[13]优异。此外，本试验在基因组注释完成后，做了双峰驼、单峰驼和羊驼基因覆盖度和基因组覆盖度的评价，结果表明组装的基因组质量较好（第3章）。

2.4　本章小结

　　利用 Illumina Hiseq 2000 测序仪，采用鸟枪法测序策略对双峰驼、单峰驼和羊驼的基因组进行测序，对获得的基因组测序数据进行 *de novo* 组装，获得了这 3 个骆驼科动物高质量的基因组组装结果，该结果有利于进行后续的基因组分析。

第3章
骆驼科动物的基因组注释

对于一个新获得的物种全基因组序列，进行基因组注释（Genome anno-tation）是基因组研究的一个重要方面。作为基因组分析的第一个步骤，基因组注释是利用多种生物信息学方法、流程和相关的软件，对待分析的基因组所含有的基因进行识别、分析和预测，并对识别出来的全部基因的生物学功能进行预测。对双峰驼、单峰驼和羊驼的基因组序列进行生物信息学的注释是获取基因组上所包含的相关基因信息、进行后续 3 个骆驼科物种的功能基因组学分析的关键。

3.1 材料与方法

3.1.1 试验材料

组装完成的双峰驼、单峰驼和羊驼的基因组序列。

3.1.2 重复序列注释

重复序列可分为散在重复序列和串联重复序列。散在重复序列又称转座子元件，包括 4 种，即长末端重复（Long terminal repeat，LTR）、长散在重复序列（Long interspersed nuclear elements，LINEs）、短散在重复序列（Short interspersed nuclear elements，SINEs）和 DNA 转座子。根据重复拷贝数的多少，可以将重复序列分为高度重复序列、中度重复序列和低度重复序列。重复序列注释的主要步骤为：

（1）结构预测：使用 Tandem Repeats Finder40[174]（Version 4. 04）软件搜寻基因组中的简单串联重复序列（Tandem repeats），其设定的参数为"Match = 2，Mismatch = 7，Delta = 7，PM = 80，PI = 10，Minscore = 50，Max-Period = 2 000"。对于 3 个物种的基因组中转座子元件（Transposable elements，TEs）采用同源预测和 de novo 预测相结合的方法。

（2）同源预测：使用 RepeatMasker 程序[175]对 Repbase[176]（Version 16. 10）数据库中所有已知的重复序列进行搜索比对分析，寻找 3 个物种基因组中一致的转座子元件，然后使用 RepeatProteinMask[175]软件将基因组序列与 Repbase 的 TE 蛋白数据库进行比对分析，搜索和鉴定基因组的转座子元件，得到 3 个骆驼科动物基因组重复序列的注释信息。

（3）de novo 预测：使用 RepeatModeler[177]软件，采用默认参数，建立 de novo 预测的重复序列库，并对这个库进行去冗余、去污染后，利用 RepeatMasker 软件，基于这个库来寻找 3 个骆驼科动物基因组中的重复序列区域，主要包括：使用"-noint"选项、鉴别非散在重复序列，包括简单重复、微卫星和低复杂度重复序列，并对组装中存在的高度和中度重复序列进行鉴别。

为了更好与其他哺乳动物相比较，采用相同的流程和参数对牛和人的基因组进行了重复序列注释。

3.1.3 基因预测

通过基因结构预测，人们能够获得基因组中详细的基因分布和结构信息。同时，该工作也将为基因组的功能注释和进化分析工作提供重要的原始数据。基因结构预测包括预测基因组中的基因位点、开放性阅读框架、翻译起始位点和终止位点、内含子和外显子区域以及蛋白质编码序列等。为了预测单峰驼和羊驼基因组的基因集，采用同源预测和 de novo 预测的方法。

（1）de novo 预测：本预测方法是基于隐马尔可夫模型（Hidden markov model，HMM）进行全基因组编码基因预测。利用基因模型中包含的特征：剪接信号模型、外显子长度分布、启动子和 poly-A 信号、不同的 CG 组分区域在基因密度和结构方面的差别等，预测序列中的基因，确定外显子的位置。预测时，采用 Augustus[178] 和 Genscan[179] 软件，使用以人基因组为训练集获得的模型参数，对 3 个物种的基因组序列分别预测其基因集。

（2）同源预测：首先，从 Ensembl 数据库（release 60）中下载已知基因集的人（Human，*Homo sapiens*）、狗（Dog，*Canis lupus familiaris*）、猪（Pig，*Sus scrofa*）、熊猫（Panda，*Ailuropoda melanoleuca*）、牛（Cow，*Bos taurus*）的基因集。使用 TblastN[180] 软件将这些同源物种的蛋白序列分别与 3 个骆驼科物种的基因组序列进行比对，设定的界限值为 E≤1e-5。然后使用 Genewise[181] 软件将同源的基因组序列与匹配的蛋白序列进行比对，分别找到 3 个物种中对应的基因区域，达到同源预测的目的。

（3）GLEAN 整合：各种预测方法得到的基因具有一致性和差异性，因此采用 GLEAN 软件（http：//sourceforge. net/projects/glean-gene/）整合同源预测和 *de novo* 预测结果，得到一致性的非冗余参考基因集。

双峰驼基因组的基因集的获取是由两部分整合而来，增加了共线性分析预测基因集步骤：

第一部分采用与单峰驼和羊驼预测基因集相同的方法，进行 *de novo* 预测和同源预测。进行同源预测的物种为人、牛、狗、猪，其蛋白序列来源于 Ensembl 数据库（Release 60）。再将以上方法预测的结果用 GLEAN 整合。

第二部分共线性分析。从 Ensembl 数据库（Release 60）中下载人、狗、猪的基因组序列和蛋白序列。利用双峰驼与这 3 个物种在基因组方面的共线性关系，采用 LASTZ[182] 软件（http：//www. bx. psu. edu/miller_ lab/）进行物种间的基因组序列比对，获得双峰驼与这 3 个物种基因组的共线性区域比对结果。对预测结果进行过滤，去掉非共线性区域。再将人、狗、猪 3 个物种与双峰驼的共线性比对结果整合在一起，并对结果去冗余。同时，为了减少假阳性，编码长度小于 150 bp 的基因和提前终止的基因将会被过滤掉，获得核心基因集。

最后将 GLEAN 结果中与核心基因集无重叠且 N 含量小于 10%、无中间终止密码子的基因整合到核心基因集中，得到最终的双峰驼基因集。此外，对这3个物种与牛基因集的几个特征进行比较分析。

3.1.4 功能注释

基因功能注释包括预测基因中的基序、结构域、蛋白质的功能和所在的生物学通路等。①序列相似性搜索：将基因编码的蛋白序列与现有蛋白质数据库 SwissProt、TrEMBL[183] 以及代谢通路数据库 KEGG（Kyoto Encyclopedia of Genes and Genomes，KEGG）（release 58）[184] 进行 BLASTP 比对，获得序列的功能信息以及蛋白可能参与的代谢通路信息。②蛋白基序（Motif）和结构域（Domain）相似性搜索：将基因编码的蛋白序列利用 InterProscan[185] 程序对 ProDom、PRINTS、Pfam、SMART 和 PROSITE 进行搜索比对，获得蛋白质的保守序列、Motif 和结构域等。③蛋白质功能注释：将基因编码的蛋白序列对 InterPro 数据库包含的相关 Gene Ontology[186] 数据进行检索，预测蛋白质执行的生物学功能。

3.1.5 ncRNA 注释

非编码 RNA（non-coding RNAs，ncRNAs），指的是不被翻译成蛋白质的 RNA，如 rRNA（ribosomal RNAs）、tRNA（transfer RNAs）、snRNA（small nuclear RNAs）、miRNA（micro RNAs）等。这些 RNA 都具有重要的生物学功能。miRNA 可降解其靶基因或抑制靶基因翻译成蛋白质，具有沉默基因的功能。tRNA、rRNA 参与蛋白质的合成。snRNA 主要参与 RNA 前体的加工，是 RNA 剪切体的主要成分。本研究对 miRNAs、tRNAs、rRNAs 和 snRNAs 进行注释。

根据 tRNA 的结构特征，利用 tRNAscan-SE[187]，参数设定为真核生物，对双峰驼、单峰驼和羊驼3个骆驼科动物基因组中的 tRNA 序列进行寻找。其中，如果一个 tRNA 基因80% 的长度和 SINE TEs 相重叠，则该基因被标记为 SINE。

对于 rRNA 序列的查找，使用 BLASTN 程序，设定参数 E≤1e-5，一致性≥85%，序列匹配长度≥50 bp，通过与人的 rRNA 库比对来寻找 3 个骆驼科动物基因组中的 rRNA 序列。

对于 miRNA 和 snRNA 基因，利用 Rfam 数据库[188]（Release 9.1）及其自带的 INFERNAL[189]软件，采用 Rfam 数据库的家族特异性聚类标准，预测 3 个骆驼科动物基因组上的 miRNA 和 snRNA 序列信息。

3.1.6　基因集评估

采用包含 458 个核心真核生物基因的 CEGMA[190]方法来评估基因组和基因集的完整性。

3.1.7　直系同源关系分析

对双峰驼、单峰驼和羊驼的直系同源基因（Orthology genes）进行鉴别与确定，有助于了解这 3 个骆驼科动物间的亲缘关系远近。首先，设定双峰驼、单峰驼和羊驼这 3 个物种同源基因相似性界限为 E≤1e-5。通过 3 个物种间各个同源基因的两两比对，寻找每两个物种间最佳的匹配，其标准是比对序列的覆盖度（Coverage）和一致性（Identity）均超过 30%。3 个物种间相互最佳匹配的同源基因被定义为直系同源基因。第二，对每对直系同源序列用 MUSCLE[191]软件进行多序列组装。第三，将比对结果作为 KaKs Calculator 1.2[192]（http：//evolution. genomics. org. cn/software. htm）的输入文件，计算非同义突变（Nonsynonymous，Ka）/同义突变（Synonymous，Ks）的替代率。

3.2　结果与分析

3.2.1　重复序列注释统计结果

从表 3-1 中可以看出，双峰驼基因组中 DNA、LINE、LTR 和 SINE 4 种主要重复序列的长度分别是 64.8 Mb（3.31%）、343.6 Mb（18.02%）、115.3 Mb（6.21%）和 52.7 Mb（2.75%），总计 573.7 Mb（30.37%）。单峰驼基因组中 DNA、LINE、LTR 和 SINE 4 种主要重复序列的长度分别是 44.7 Mb（2.9%）、232.7 Mb（16.8%）、79.4 Mb（5.5%）和 37 Mb（2.6%），总计 392.6 Mb（28.4%）（表 3-2）。羊驼基因组中 DNA、LINE、LTR 和 SINE 4 种主要重复序列的长度分别是 64.3 Mb（3.53%）、366.5 Mb（22.2%）、122.8Mb（8.97%）和 45.6 Mb（2.7%），总计 595.7 Mb（32.14%）（表 3-3）。双峰驼和羊驼基因组中重复序列含量并无显著性差异，但比单峰驼基因组中重复序列的含量略高。双峰驼、单峰驼和羊驼基因组中 LINE 比其他 3 种重复序列的含量高，为这 3 个动物基因组中主要的重复序列。

对 3 个骆驼科动物以及牛、人基因组的重复序列进行比较分析可以发现，与人和牛相比，骆驼科动物基因组中重复序列的比例低（表 3-4）。这主要是由于这 3 个骆驼科动物基因组中 SINE 的含量比牛、人基因组中 SINE 的含量低。

3.2.2 基因预测统计结果

采用全新预测和同源预测的方法对羊驼基因组的基因集进行预测，得到的最终基因数量为 20 864（表 3-5）。这个数量与人、狗、猪、熊猫、双峰驼、猪基因组中基因的数量大体一致。在平均转录长度、平均 CDS 长度、平均每个基因外显子数、平均外显子长度和平均内含子长度的各项指标中，羊驼和这几个物种也没有显著性差别。采用相同方法对单峰驼基因组进行预测，得到的最终基因数量为 20 741。

采用全新预测、同源预测和共线性预测相结合的方法对于双峰驼基因组的基因集进行预测，得到的最终基因数量为 20 251（表 3-6）。在平均转录长度、平均 CDS 长度、平均每个基因外显子数、平均外显子长度和平均内含子长度的各项指标中，双峰驼和共线性分析的猪、狗、人的基因组也没有显著性差别。

表 3-1　双峰驼基因组重复序列统计

Table 3-1　Statistics of the repeat sequence for Bactrian camel genome

类别 Categories	RepBase TEs[1]		TE 蛋白 (TE proteins)[2]		全新预测 (De novo)[3]		整合结果 (Combined TEs)[4]	
	长度 Length (bp)	基因组百分数 % in genome	长度 Length (bp)	基因组百分数 % in genome	长度 Length (bp)	基因组百分数 % in genome	长度 Length (bp)	基因组百分数 % in genome
DNA	64 835 496	3.23	4 974 025	0.25	35 472 552	1.77	66 366 961	3.31
LINE	343 627 675	17.13	140 766 649	7.02	221 876 139	11.06	361 420 276	18.02
LTR	115 311 698	5.75	7 536 231	0.38	85 557 633	4.27	124 544 020	6.21
SINE	52 747 795	2.63	0	0.00	31 959 293	1.59	55 099 194	2.75
其他	9 382	0.0005	0	0.00	0	0.00	9 382	0.0005
未知	1 003 705	0.05	0	0.00	73 648 338	3.67	74 649 719	3.72
总计	573 690 609	28.60	153 255 336	7.64	439 253 840	21.90	609 144 697	30.37

注：1. 使用 Repbase 数据库的 RepeatMasker 软件进行分析得到的结果；

2. 使用 Repbase 数据库的 RepeatProteinMask 软件进行分析得到的结果；

3. 使用从头预测的方法对构建的数据库采用 RepeatMasker 软件进行预测分析得到的结果；

4. 整合 TE 蛋白、Repbase TEs 和全新预测三个方法得到的结果。

Note: 1. results of RepeatMasker analysis using Repbase；

2. results of RepeatProteinMask analysis using Repbase；

3. results of RepeatMasker analysis using the library predicted by the *de novo* method；

4. the combined results for Repbase TEs, TE proteins, and the *de novo* method.

表3-2 单峰驼基因组重复序列统计

Table 3-2 Statistics of the repeat sequence for dromedary genome

类别 Categories	RepBase TEs[1]		TE蛋白 (TE Proteins)[2]		全新预测 (De novo)[3]		整合结果 (Combined TEs)[4]	
	长度 Length (Mb)	基因组百分数 %in Genome	长度 Length (Mb)	基因组百分数 % in Genome	长度 Length (Mb)	基因组百分数 % in Genome	长度 Length (Mb)	基因组百分数 % in Genome
DNA	44.7	2.2	5.0	0.2	37.4	1.9	58.3	2.9
LINE	232.7	11.6	141.2	7.0	283.1	14.0	338.8	16.8
LTR	79.4	3.9	7.7	0.4	82.8	4.1	111.1	5.5
SINE	37	1.8	0	0	42.1	2.1	52.6	2.6
其他	0	0	0	0	0	0	0	0
未知	0.7	0	0	0	14.6	0.7	15.3	0.8
总计	392.6	19.5	153.9	7.6	462.0	22.9	572.7	28.4

注: 1. 使用 Repbase 数据库的 RepeatMasker 软件进行分析得到的结果;

2. 使用 Repbase 数据库的 RepeatProteinMask 软件进行分析得到的结果;

3. 使用从头预测的方法对构建的数据库采用 RepeatMasker 软件进行预测分析的结果;

4. 整合 TE 蛋白、Repbase TEs 和全新预测三个方法得到的结果。

Note: 1. results of RepeatMasker analysis using Repbase;

2. results of RepeatProteinMask analysis using Repbase;

3. results of RepeatMasker analysis using the library predicted by the de novo method;

4. the combined results for Repbase TEs, TE proteins, and the de novo method.

表 3–3　羊驼基因组重复序列统计

Table 3–3　Statistics of the repeat sequence for alpaca genome

类别 Categories	RepBase TEs[1]		TE 蛋白 (TE Proteins)[2]		全新预测 (De novo)[3]		整合结果 (Combined TEs)[4]	
	长度 Length (bp)	基因组百分数 %in Genome	长度 Length (bp)	基因组百分数 % in Genome	长度 Length (bp)	基因组百分数 % in Genome	长度 Length (bp)	基因组百分数 % in Genome
DNA	64 297 502	3.13	4 987 869	0.24	37 294 893	1.82	72 344 573	3.53
LINE	366 454 154	17.9	143 134 708	6.98	360 524 408	17.6	455 933 468	22.2
LTR	122 782 859	5.99	7 636 323	0.37	130 878 593	6.38	183 861 429	8.97
SINE	45 617 177	2.2	0	0	33 121 611	1.6	54 497 300	2.7
其他	6 639	0.0003	0	0	0	0	6 639	0.0003
未知	0	0	0	0	5 437 641	0.27	5 437 641	0.26
总计	595 690 774	29.07	155 738 129	7.6	518 070 880	25.28	658 532 188	32.14

注：1. 使用 Repbase 数据库的 RepeatMasker 软件进行分析得到的结果；
　　2. 使用 Repbase 数据库的 RepeatProteinMask 软件进行分析得到的结果；
　　3. 使用从头预测的方法对构建的数据库采用 RepeatMasker 软件进行预测分析的结果；
　　4. 整合 TE 蛋白、Repbase TEs 和全新预测三个方法得到的结果。

Note: 1. results of RepeatMasker analysis using Repbase;
　　2. results of RepeatProteinMask analysis using Repbase;
　　3. results of RepeatMasker analysis using the library predicted by the *de novo* method;
　　4. the combined results for Repbase TEs, TE proteins, and the *de novo* method.

表 3-4 3 个骆驼科动物与牛和人的基因组重复序列比较

Table 3-4 Repeats comparison in three camelids, cattle, and human genomes

类别 Categories	双峰驼 (Bactrian camel)		羊驼 (Alpaca)		单峰驼 (Dromedary)		牛 (Cattle)		人 (Human)	
	长度 Length (Mb)	基因组百分数 % in genome	长度 Length (Mb)	基因组百分数 % in genome	长度 Length (Mb)	基因组百分数 % in genome	长度 Length (Mb)	基因组百分数 % in genome	长度 Length (Mb)	基因组百分数 % in genome
DNA	66.3	3.31	72.3	3.53	58.3	2.9	56.6	1.9	110.4	3.9
LINE	361.4	18.02	456	22.2	338.8	16.8	623.9	21.4	560.3	19.7
LTR	124.5	6.21	184	8.97	111.1	5.5	99.8	3.4	267	9.4
SINE	55	2.75	54.5	2.7	52.6	2.6	459.5	15.7	371.7	13.1
其他	0.009	0.000 5	0.006	0.000 3	0	0	0	0	13.6	0.5
未知	74.6	3.72	5.4	0.26	15.3	0.8	0.9	0	4.6	0.2
总计	609	30.37	658	32.14	572.7	28.4	1 240	42.5	1312	46.1

表 3-5 羊驼基因组预测的蛋白编码基因统计

Table 3-5 Statistics of the predicted protein-coding genes for alpaca genome

	基因集 Gene set	数量 Number	平均转录长度 Average transcript length (bp)	平均 CDS 长度 Average CDS length (bp)	平均每个基因外显子数 Average exon per gene	平均外显子长度 Average exon length (bp)	平均内含子长度 Average intron length (bp)
全新预测	AUGUSTUS	21 781	44 725	1 444	8.8	163	5 503
	GENSCAN	45 949	30 335	1 280	8	161	4 201
同源预测	人	19 148	24 163	1 523	8.46	176	2 961
	狗	20 254	21 856	1 462	8.41	173	2 752
	猪	18 836	18 652	1 308	7.41	176	2 708
	熊猫	19 703	22 209	1 460	8.31	176	2 840
	双峰驼	22 356	23 511	1 399	8.12	172	3106
	猪	19 737	22 012	1 486	8.43	176	2 761
	GLEAN	20 864	24 788	1 488	8.40	177	3 147
	最终基因集	20 864	24 788	1 488	8.40	177	3 147

表 3-6　双峰驼基因组预测的蛋白编码基因统计

Table 3-6　Statistics of the predicted protein-coding genes for Bactrian camel genome

基因集 Gene set		数量 Number	平均转录长度 Average transcript length (bp)	平均 CDS 长度 Average CDS length (bp)	平均每个基因 外显子数 Average exons per gene	平均外显子 长度 Average exon length (bp)	平均内含子 长度 Average intron length (bp)
全新预测	AUGUSTUS	19 062	51 245	1 555	9.78	159	5 662
	GENSCAN	39 581	34 865	1 366	8.69	157	4 357
	牛	30 670	24 738	1 535	8.96	171	2 915
	狗	19 302	22 516	1 470	8.80	167	2 697
同源预测	人	31 506	16 391	1 170	6.90	170	2 580
	猪	50 642	9 000	797	4.83	165	2 143
	GLEAN	16 758	44 844	1 746	10.28	170	4 642
	狗	17 323	26 634	1 595	9.63	166	2 901
共线性预测	人	17 211	32 467	1 611	9.64	167	3 571
	猪	15 107	21 527	1 398	8.24	170	2 779
非冗余共线性 *		17 477	31 688	1 630	9.71	168	3 450
最终基因集		20 251	32 103	1 526	9.04	169	3 804

注 * ：根据狗、人和猪的基因组通过 LASTZ 软件进行共线性预测的非冗余基因集。

Note * : The synteny non-redundancy gene sets are predicted by LASTZ based on the *C.familiaris*, *H. sapiens*, and *S. scrofa.*

通过对双峰驼、单峰驼、羊驼和牛的最终基因集进行分析（图 3-1），可以得出这 4 个物种在 mRNA 长度、CDs 长度、外显子长度和内含子长度四个指标方面无明显差异，这说明基因结构注释的高品质。

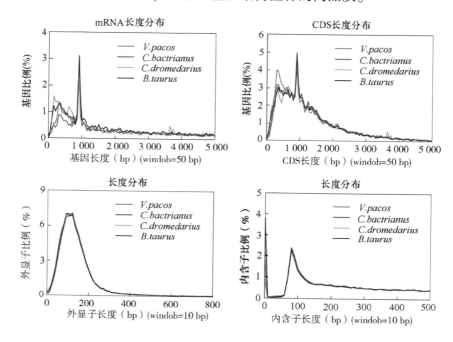

图 3-1　双峰驼、单峰驼、羊驼和牛最终基因集几个特征分布比较

Fig. 3-1　Compared the distribution of several features of the final gene set to Bactrian camel（*Camelus bactrianus*），dromedary（*Camelus dromedarius*），alpaca（*Vicugna pacos*）and cattle（*Bos taurus*）

3.2.3　功能注释统计结果

对双峰驼、单峰驼、羊驼的基因集分别在现有的各个蛋白数据库进行注释，所得结果见表 3-7 至表 3-9。其中，双峰驼、单峰驼和羊驼的基因集分别有 94.46%、99.23% 和 91.87% 的基因获得了功能注释。这表明，这 3 个物种基因集的功能注释结果很好，符合进一步分析的要求。

表 3-7　双峰驼基因组的同源或功能分类基因的数量

Table 3-7　The number of genes with homology or functional

classification Bactrian camel genome

		数量 Number	百分比 Percent（%）
总计		20 251	100
注释	注释	19 129	94. 46
	SwissProt	18 874	93. 20
	TrEMBL	19 048	94. 06
	InterPro	16 597	81. 96
	KEGG	14 578	71. 99
	GO	13 980	69. 03
未注释		1 122	5. 54

表 3-8　单峰驼基因组的同源或功能分类基因的数量

Table 3-8　The number of genes with homology or functional

classification for dromedary genome

		数量 Number	百分比 Percent（%）
总计		20 714	100
注释	InterPro	17 459	84. 29
	GO	14 609	70. 5
	KEGG	15 510	74. 88
	Swissprot	20 173	97. 39
	TrEMBL	18 861	91. 05
未注释		160	0. 77

表 3-9　羊驼基因组的同源或功能分类基因的数量

Table 3-9　The number of genes with homology or functional

classification for alpaca genome

		数量 Number	百分比 Percent（%）
总计		20 864	100
注释	InterPro	16 137	77. 34
	GO	13 647	65. 41
	KEGG	14 522	69. 6
	Swissprot	18 870	90. 44
	TrEMBL	19 139	91. 73
未注释		1 697	8. 13

3.2.4 ncRNA 注释统计结果

非编码 RNA 注释的结果表明，miRNA、tRNA、rRNA 和 snRNA 在双峰驼基因组中的拷贝数分别为 436、224、173 和 1 109（表 3-10），在单峰驼基因组中的拷贝数分别为 456、437、114、1 202（表 3-11），在羊驼基因组中的拷贝数分别为 478、536、163、1 151（表 3-12）。在双峰驼基因组预测得到的 tRNA 基因比单峰驼和羊驼的数量少，而其他 3 种非编码 RNA 在这 3 个骆驼科动物的基因组中并没有太大差别。同时，结果表明 snRNA 是这 3 个骆驼科动物基因组中数量最多的非编码 RNA。

表 3-10 双峰驼基因组中非编码 RNA 基因

Table 3-10 Non-coding RNA genes in the Bactrian camel genome

	类型 Type	拷贝数 Copy #	平均长度 Average length（bp）	总长 Total length（bp）	基因组百分数 % of genome
	miRNA	436	89	38 931	0.001 9
	tRNA	224	77	17 269	0.000 9
rRNA	rRNA	173	87	15 045	0.000 8
	18S	32	119	3 817	0.000 2
	28S	85	106	8 988	0.000 4
	5.8S	0	0	0	0.000 0
	5S	56	40	2 240	0.000 1
snRNA	snRNA	1 109	116	128 583	0.006 4
	CD-box	263	88	23 139	0.001 2
	HACA-box	249	137	33 994	0.001 7
	Spliceosomal RNA	560	120	67 060	0.003 3
	总计	1 942	103	199 828	0.01

表 3-11 单峰驼基因组中非编码 RNA 基因

Table 3-11 Non-coding RNA genes in the dromedary genome

类型 Type	拷贝数 Copy #	平均长度 Average length（bp）	总长 Total length（bp）	基因组百分数 % of genome
miRNA	456	89	40 767	0.002 0
tRNA	437	79	34 310	0.001 7

（续表）

	类型 Type	拷贝数 Copy #	平均长度 Average length（bp）	总长 Total length（bp）	基因组百分数 % of genome
	rRNA	114	111	12 605	0.000 6
snRNA	CD-box	261	90	23 440	0.001 2
	HACA-box	271	136	36 922	0.001 8
	scaRNA	21	157	3 300	0.000 2
	Spliceosomal RNA	649	115	74 563	0.003 7
	总计	2 209	102	225 907	0.011 2

表 3-12　羊驼基因组中非编码 RNA 基因

Table 3-12　Non-coding RNA genes in the alpaca genome

	类型 Type	拷贝数 Copy #	平均长度 Average length（bp）	总长 Total length（bp）	基因组百分数 % of genome
	miRNA	478	89	42 681	0.002
	tRNA	536	73	39 186	0.002
rRNA	18S	22	117	2 577	0.000 13
	28S	100	120	11 968	0.000 6
	5.8S	1	156	156	0.000 008
	5S	40	39	1 560	0.000 076
snRNA	CD-box	272	89	24 140	0.001 178
	HACA-box	266	137	36 414	0.0018
	Spliceosomal RNA	613	122	74 729	0.003 6
	总计	2 328	99	230 834	0.011

3.2.5　基因集评估统计结果

本试验采用 458 个真核生物核心基因集定位的方法，对这 3 个骆驼科动物基因组预测的基因集进行评估（表 3-13 至表 3-15）。其中，448 个（97.82%）、443 个（96.73%）和 430 个（93.87%）核心基因分别在双峰驼、单峰驼和羊驼的基因集中被发现。454 个（99.12%）、451 个（98.47%）和 454（99.12%）个核心基因分别在双峰驼、单峰驼和羊驼的基因组中被发现，这说明绝大部分的核心基因在 3 个物种的基因集和基因组中被鉴别到，这 3 个物种的基因集和基因组是完整可信的。

表 3-13　CEGMA 评估双峰驼基因组的完整性

Table 3-13　Evaluation of completeness of the Bactrian camel genome assembly using core eukaryotic gene mapping approach（CEGMA）

参数 Parameter	数量 Number	百分比 Percent（%）
KOGs 总数	454	99. 12
一个 KOG 比对到一个基因	434	94. 76
一个 KOG 比对到几个基因	14	3. 06
没有比对到基因的 KOG	6	1. 3

注：KOG 是指哺乳动物基因组中发现的直系同源基因。

Note：KOG ismammal's orthologous gene found in the genome.

表 3-14　CEGMA 评估单峰驼基因组的完整性

Table 3-14　Evaluation of completeness of the dromedary genome assembly using core eukaryotic gene mapping approach（CEGMA）

参数 Parameter	数量 Number	百分比 Percent（%）
KOGs 总数	451	98. 47
一个 KOG 比对到一个基因	429	93. 67
一个 KOG 比对到几个基因	14	3. 06
没有比对到基因的 KOG	6	1. 3

注：KOG 是指哺乳动物基因组中发现的直系同源基因。

Note：KOG is mammal's orthologous gene found in the genome.

表 3-15　CEGMA 评估羊驼基因组的完整性

Table 3-15　Evaluation of completeness of the alpaca genome assembly using core eukaryotic gene mapping approach（CEGMA）

参数 Parameter	数量 Number	百分比 Percent（%）
KOGs 总数	454	99. 12
一个 KOG 比对到一个基因	418	91. 27
一个 KOG 比对到几个基因	12	2. 6
没有比对到基因的 KOG	24	5. 2

注：KOG 是指哺乳动物基因组中发现的直系同源基因。

Note：KOG ismammal' s orthologous gene found in the genome.

3.2.6　直系同源关系分析结果

通过对双峰驼、单峰驼和羊驼 3 个物种的直系同源关系分析，结果显示，单峰驼和双峰驼在14 071个直系同源基因上具有平均94.93%的氨基酸序列一致性，而双峰驼和羊驼在16 145个直系同源基因上具有平均91.55%的氨基酸序列一致性，而单峰驼和羊驼在15 167个直系同源基因上具有平均90.8%的氨基酸序列一致性。这与单峰驼和双峰驼是更为近缘物种的实际情况相一致。将双峰驼、单峰驼和羊驼3个物种蛋白一致性的分布进行绘图（图3-2），结果表明这3个物种的蛋白具有高度相似性。

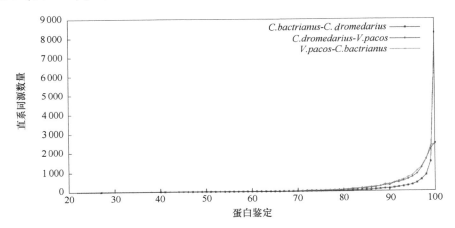

图3-2 双峰驼、单峰驼和羊驼基因集蛋白一致性
Fig. 3-2 Protein identity among Bactrian camel（*Camelus bactrianus*），dromedary（*Camelus dromedarius*）and alpaca（*Vicugna pacos*）gene sets

对双峰驼和单峰驼、双峰驼和羊驼、单峰驼和羊驼之间直系同源基因的非同义突变/同义突变（*Ka/Ks*）分布情况进行分析可以发现，双峰驼和羊驼与单峰驼和羊驼的 *Ka/Ks* 分布极为相似，而双峰驼和单峰驼的 *Ka/Ks* 分布与上述二者存在不同，但趋势大体相似（图3-3）。

3.3 讨论

一个物种的基因组序列是了解生物遗传奥秘的重要信息源。而一个基因组的价值在于其有一个非常好的注释。基因组注释是一个从生物的基因

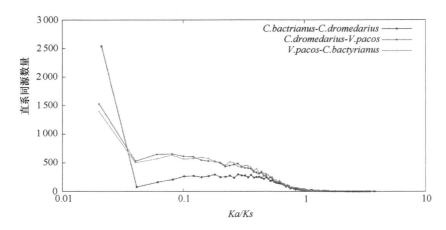

图 3-3 双峰驼、单峰驼和羊驼基因集直系同源基因的 *Ka/Ks* 分布
Fig. 3-3 Distributions of *Ka/Ks* among Bactrian camel (*Camelus bactrianus*), dromedary (*Camelus dromedarius*) and alpaca (*Vicugna pacos*) gene sets

组序列中获取生物学信息的过程[193]。因此，基因组注释是连接序列和生物学特性的纽带。一个高质量的基因组注释目标主要是对基因组的关键特性进行识别和解释，特别是对基因及其产物的注释。

3.3.1 骆驼科动物基因组重复序列的注释

基因组注释主要包括四个方面的内容，即重复序列的识别、基因结构预测、基因功能注释和非编码 RNA 的预测。由于重复序列会对后续的基因组注释产生影响，所以在基因组注释开始就需要对基因组中的重复序列进行识别和标注。由于本研究的基因组序列采用 K-mer 算法进行组装，高度相似的重复序列可能会被压缩到一起，影响对后续基因序列的识别。为了更好地识别双峰驼、单峰驼、羊驼基因组中的重复序列，本试验采用了包括简单的结构预测、利用已知相似的重复 DNA 或蛋白质序列的同源预测、利用重复序列或转座子自身的序列或结构特征从头预测的方法预测 3 个物种基因组的重复序列。同时，针对不同类型的重复序列，本试验将这 3 个方法相互组合并采用多个软件进行预测，最后将所有预测的结果进行整合，从而得到一个较为完整的重复序列注释结果。

基因组的结构及其组成是一个物种在 DNA 水平上特异性的表现。而基因组的这些特征具有种属的特异性。作为基因组序列的一个典型特征，重复序列的种类及其数量也常常具有种属特异性。本研究通过对 3 个骆驼科动物的重复序列进行分析发现，3 个物种在重复序列的种类及其数量上存在差异，表明 3 个骆驼科物种的基因组具有各自的特点。另外，3 个物种基因组的 LINE 比其他三种重复序列的含量要高，且 SINE 的含量比牛、人基因组中 SINE 的含量低，这反映了骆驼科动物基因组的共性。

3.3.2　骆驼科动物基因组基因结构的预测

对基因组的基因结构进行预测，能够使我们获得基因组中详细的基因分布和基因结构等相关信息。同时，该工作也将为基因组的功能注释和进化分析提供重要支持。相对于原核生物，真核生物基因的启动子、终止子、开放阅读框、翻译起始位点和终止位点、加尾信号等基因特征性的信号位点极为复杂，难以识别。此外，真核生物中普遍存在的断裂基因及其 mRNA 的可变剪切等现象，使对断裂基因的内元和外元的识别变得更加困难。为此，在进行真核生物基因组的基因结构预测的时候，多采用准确度较高的隐马尔科夫模型并整合多种方法预测的结果进行预测。本试验在进行 3 个骆驼科动物基因组的基因结构预测的时候，采用了包括基于隐马尔可夫模型的全新预测、基于多个已知基因集物种的同源预测和基于 3 个同源基因组共线性关系的共线性分析，并对所分析的多个结果进行整合进而得到 3 个骆驼科动物基因组的基因结构注释信息。而通过将牛基因组的基因结构特征数据与这 3 个骆驼科动物的数据进行比较的分析证实了本试验所获得的双峰驼、单峰驼和羊驼基因组的基因结构注释结果好。

3.3.3　骆驼科动物基因组基因功能和非编码 RNA 的注释

对一个物种的基因组进行基因功能的注释，可以使我们全面地了解一个物种基因组中所蕴含的遗传信息。由于受到试验经费、手段、人力和时间等条件的限制，对于全基因组的基因功能注释，不能通过实验室采取试验的方法进行分析。目前，对基因组功能注释最常用的方法是利用同源性采用多个蛋白数据库比对进行预测和注释。本试验在进行 3 个骆驼科动物基因组基因功能注释时，采用了 Uniprot 蛋白质综合数据库、KEGG 代谢通路数据库、Interpro 蛋白质家族、结构域和功能位点数据库以及基因本体论（Gene ontology，GO）数据库，分别将 3 个物种基因编码的蛋白序列与这 4 个数据库进行比对分析，从而获得了包括长度、分子量、细胞定位等在内的一般蛋白信息、蛋白所参与的物质代谢通路或细胞信号通路信息、蛋白中同源保守序列信息、蛋白结构域信息、蛋白功能位点信息以及蛋白功能信息等。而功能注释的统计结果也表明了，本试验预测的基因集功能注释效果较好。

考虑到基因组中的非编码 RNA 种类较多，其各自的序列、结构和功能各异，在进行非编码 RNA 预测的时候，采用多个专门的软件和数据库进行综合分析。本试验根据各种非编码 RNA 的序列和结构特征，采用不同的软件、方法和标准对不同类型的非编码 RNA 进行注释，取得了较好的效果。

3.4 本章小结

综合采用各种方法和软件对组装完成的双峰驼、单峰驼和羊驼基因组的重复序列、非编码 RNA、基因结构和基因功能进行注释，并对各类结果进行整合、验证，获得了这 3 个骆驼科动物高质量的基因组注释结果，该结果有利于进行后续的基因组分析。

第4章

骆驼科动物基因组进化分析

生物所具有的一个显著特征就是进化，而对物种起源和进化的研究一直是生命科学领域重点研究的一个内容。起源于共同祖先的各个物种的差异性可以在其基因组有所反映。从基因组进化的角度考虑，这些物种的基因组是由祖先基因组进化而来。物种在进化关系上越接近，它们的基因组相关性就越高。因此，对不同物种间的基因组进行比较分析，实质上就得到了物种在系统发生中的进化关系，从而有助于揭示不同物种间进化关系的远近。

另外，亲缘关系不同的物种，其基因组上的基因在组成和排列顺序上也会表现出一定的差异。如果不同物种之间存在较近的亲缘关系，则基因组上的基因排列顺序就会表现出部分或全部一致，即基因组的共线性（Synteny）。对不同物种的基因组进行进化研究，有助于了解不同物种在核苷酸组成、同线性关系和基因顺序方面的异同，有助于对未知基因集的物种进行基因定位，有助于鉴定出编码序列、非编码调控序列、特有基因家族，有助于揭示基因潜在的功能及基因组的内在结构。

4.1　材料与方法

4.1.1　试验材料

完成基因组组装和注释的双峰驼、单峰驼和羊驼的基因组序列。

4.1.2   共线性鉴定

全基因组共线性鉴定，又名全基因组比对，是指将两个或多个基因组序列进行比对，是比较基因组分析中的一个重要基础。全基因比对结果可用于多种分析，如检测保守区域、识别基因组中的功能元件、研究染色体的进化、分析物种共有和特异的基因组序列等。为了对双峰驼、单峰驼和羊驼与其他的哺乳动物之间的共线性模块进行检测，采用 LASTZ[182]进行两个全基因组序列比对，LASTZ 的参数设置为 T = 2、C = 2、H = 2 200、Y = 3 400、L = 6 000、K = 2 200。在进行基因组比对之前，需要首先对每个基因组的重复区域进行标记，然后用 LASTZ 进行全基因组比对。

4.1.3   片段复制分析

片段复制一般指基因组中长度在 1 ~ 200 Kb 的低拷贝 DNA 复制区域。通常情况下，这些复制区域包含序列特征，如高度重复序列和基因的内含子、外显子等基因结构。大片段复制现象可能在基因组和基因进化方面起着重要的作用。本研究采用 LASTZ[182]软件，通过全基因组组装比对（Whole-genome assembly comparison，WGAC）可以检测大片段复制区域[194]。这里设定，片段复制的两个序列长度大于 1 Kb，并且序列一致性在 90% ~ 99.5%。具体步骤为：第一，在比对之前，先屏蔽重复序列。第二，将比对的序列切分为多个小的文件，使用 LASTZ 软件对基因组序列进行相互比对，以获得原始的序列间重复，其界限值为非重复比对长度大于 500 bp 且全部的一致性超过 85%。第三，重新引入标记的重复序列，进行最佳的全局比对，以便对比对的一致性和重复序列的边界进行精确界定。比对之后，过滤出长度大于 1 kb，一致性大于 90%，且去除了重叠部分的区域，这些区域即为检测出的大片段复制区域。

4.1.4   基因家族聚类分析

基因家族是指由来自一个祖先基因的一组基因。基因家族的鉴定是进化分析很重要的一个方面。通过同源基因的聚类及基因家族的鉴定分析，可以得到单拷贝基因家族和多拷贝基因家族。这些家族在物种之间都是比较保守的，可用于物种间亲缘关系的分析。基因家族聚类分析还可以得到物种特有的基因和家族，它们可能和物种的特异性表型有关。选择人（*Homo sapiens*）、小鼠（*Mus musculus*）、牛（*Bos taurus*）、马（*Equus caballus*）、狗（*Canis lupus familiaris*）、熊猫（*Ailuropoda melanoleuca*）和负鼠（*Monodelphis domestica*）总计 7 个哺乳动物，其各自的 DNA 和蛋白数据从 Ensembl 数据库（release 60）中下载，用于进行基因家族聚类分析。对于具有可变剪切的基因，选择最长的转录本代表基因。基因家族鉴定使用 Treefam[195]方法。具体如下。

（1）将所选物种的所有蛋白质序列做 BLASTP 比对（E≤1e-7），使用 solar 软件对每个基因对的组装结果进行连接。如果超过 1/3 的区域被比对到两个基因，则指定这个区域为两个基因的连结点（边界）。使用 Hscore 的分数（0-100）衡量连接点的相似性。对 G1 和 G2 两个基因，Hscore 被定义为 score（G1G2）/max［score（G1G1），score（G2G2）］。这里得分是最初的 BLAST 得分。

（2）鉴定基因家族。采用分级聚类算法的平均距离，用 hcluster_ sg 进行聚类，需要最小边界权重（Hscore）大于 5，最小边界密度（边界总数/理论边界数）大于 1/3，得到基因家族。

4.1.5 物种进化树的构建

在进行基因组系统发生分析的时候，用单拷贝基因家族的连接基因序列构建物种系统发育树。根据该方法，对 3 个骆驼科物种和其他 7 个已经测序物种（人、小鼠、牛、马、狗、熊猫、负鼠）的 7 398 个单拷贝直系同源基因构建物种系统发育树。首先从每个单拷贝基因家族序列中找出四重简并位点，然后分别将每个物种所有单拷贝基因家族相应的四重简并位点连接成一个超级基因（Super gene）。在此基础上根据四重简并位点的 GTR+gamma 模型，利用 PHYML[196]程序构建系统发育树。

4.1.6 物种分歧时间的计算

每个单拷贝基因家族中的四重简并位点，通常用以估算分子钟（替换速率）以及物种间的分化时间，其中中性替换速率一般用每个位点每年的变异数来衡量。根据系统发育树，使用 7 398 个单拷贝直系同源基因的 CDS 序列进行分歧时间的估算。利用 PAML 软件包 MCMCTREE[197] 软件的"自相关分子钟"和"JC69"模型，并使用宽的化石标定时间[198]来估算物种之间的分化时间。这个程序需要的输入文件包括，一个核酸或蛋白的序列比对结果，一个有化石标定的进化树和包含程序命令的 mcmctree. ctl 控制文件。采用 PAML MCMCTREE 软件的马尔可夫链蒙特卡洛（Markov chain Monte Carlo，MCMC）方法，取样 1 000 000 次，取样频率为 50。其中前 5 000 000 次取样被去掉。微调（Finetune）参数设定为：0.004，0.016，0.01，0.10，0.58。其他参数设为默认。根据发表的文献，获得人和小鼠的化石标定分歧时间（61.5 ~ 100.5 Mya）[199]、狗和马的化石标定分歧时间（62.3 ~ 71.2 Mya）[199]、牛和人的化石标定分歧时间（95 ~ 113 Mya）[199]以及人和负鼠的化石标定分歧时间（124.3 ~ 138.4 Mya）（http：//www. fossilrecord. net/ dateaclade/index. html）。独立运行两次来检查收敛性。

4.1.7 分支特异性 Ka/Ks 率计算

Ks 即平均每个同义位点上的同义置换数，Ka 是指平均每个非同义位点上的非同义置换数。Ka/Ks 比值的大小可以反映出物种所受到选择压力的大小。选用 7 398 个单拷贝直系同源基因的 CDS 连接成一个超级基因（Super gene）作为输入文件来计算各支的 Ka/Ks 值（ω values）。利用 PAML 程序包的 Codeml 程序的分支模型计算分支特异性的 dN 和 dS。设置的参数包括 F3X4 密码子频率，"free‑ratio"模型（Model = 1），cleandata 设定为 1，每个基因的 kappa 和 omega 值分别估算（fix_ kapap = 0，fix_ omega = 0）。

4.1.8　SNP 判读和分布比较分析

使用 SOAPsnp[200]检测双峰驼、单峰驼和羊驼 3 个基因组的 SNPs。根据测序的短序列比对到基因组并结合对应的测序质量分数，SOAPsnp 计算每个位点基因型概率，并推断每个位点基因型的贝叶斯后验概率（Bayesian posterior probability）。从短插入片段文库（170 bp、500 bp 和 800 bp）中选择过滤后的测序短序列进行 SOAP 组装。为了确保 SNP 的高可信度，需要考虑 Illumina 测序数据常见的内在偏差和错误。同时，为了推测一致序列，需要校准质量值。根据以下标准过滤候选 SNPs。

（1）选择 Q20 质量（质量分数≥20）数据。

（2）全部的测序深度不能小于 10。

（3）侧翼序列的拷贝数<2。

（4）每个位点的等位基因至少有一个唯一定位的测序短序列。

（5）SNPs 之间的最小距离≥5 bp。

对这 3 个物种的 SNPs 进行统计并绘制其分布图。

4.1.9　群体历史重建

个体两个等位基因的分布可以用于研究群体历史规模。通过基因组杂合位点局部密度的变化，可以重建 3 个物种的最近共同祖先（The most recent common ancestor，TMRCA），进而恢复由于历史事件而分离的最近共同祖先的连续性。该方法使用配对顺序马尔科夫联合（Pairwise sequentially markovian coalescent，PSMC）模型[201]、世代间隔和突变率。使用 BWA 程序（Version 0.5.9)[202]将 3 个物种的测序短序列分别比对到各自的基因组上，其设定的参数为：aln-I-o 0-l 31-k 2-t 4。利用 SAMtools（Version 0.1.17)[203]程序获得一致序列，然后将其分为非重叠的 100 bp 片段。每条包含杂合子的片段将会被标记为杂合，否则被标记为纯合。这些片段被用于作为 PSMC 分析的输入文件。从原始的序列中重新随机抽取 100 条序列以检验估计的准确性。使用 Gnuplot4.4[204]对重建的群体历史进行绘图。

4.2 结果与分析

4.2.1 共线性鉴定结果

选择人和牛的基因组作为共线性比对的参考序列。对羊驼、双峰驼、单峰驼、人和牛的基因组中重复序列进行标记，分别标记出 614.6 Mb（30%）、613.5 Mb（30.6%）、574.9 Mb（28.5%）、1 466.4 Mb（46.5%）和1285.7 Mb（44.1%）的重复序列区域（表4-1）。

表4-1　比对基因组的统计

Table 4-1　Statistics of the aligned genomes

基因组 Genome	Scaffolds/Chr 数量 scaffolds/Chr	基因组大小 （Gb,含N） Genome size （Gb,with N）	基因组大小 （Gb,不含N） Genome Size （Gb,without N）	基因组大小 （Gb,标记重复） Genome Size （Mb,masked）	标记重复的 百分比 %masked
V. pacos	319 454	2.049	2.036	614.6	30.0
C. bactrianus	140 480	2.005	1.992	613.5	30.6
C. dromedarius	117 723	2.014	1.993	574.9	28.5
H. sapiens	24	3.155	2.859	1 466.4	46.5
B. taurus	12 008	2.918	2.732	1 285.7	44.1

注:在使用 *LASTZ* 进行基因组比对前,需要对基因组中重复序列区域标记 Ns。

Note：The genomes were masked with Ns in repeat sequence regions prior to *LASTZ* alignment.

对基因组进行共线性分析时，一般主要以查询物种的覆盖比率说明比对物种和参考基因组及之间的共线性情况。通过各物种间的基因组比对（表4-2），羊驼和人、羊驼和双峰驼、羊驼和单峰驼、双峰驼和牛、单峰驼和牛、单峰驼和双峰驼的基因组的共线性分别为88.85%、88.81%、83.64%、95.44%、86.55%和90.63%。这表明，骆驼科动物的基因组与人和牛的基因组具有较高的共线性，并且骆驼科动物的基因组具有较低的染色体重排率。

表 4-2　基因组比对结果统计

Table 4-2　Genome alignment statistics

查询物种-目标物种 Query Species *vs* Target Species	比对长度 Aligned Length（Gb）	目标基因组覆盖度 Target Genome Coverage Rate （%）	查询基因组覆盖度 Query Genome Coverage Rate （%）
V. pacos vs H. sapiens	1.820	89.83	88.85
V. pacos vs C. bactrianus	1.819	97.79	88.81
V. pacos vs C. dromedarius	1.713	97.31	83.64
C. bactrianus vs B. taurus	1.914	92.18	95.44
C. dromedarius vs B. taurus	1.744	93.43	86.55
C. dromedarius vs C. bactrianus	1.826	97.84	90.63

4.2.2　片段复制分析结果

将基因组中复制的片段大小分为大于 1 kb、大于 5 kb、大于 10 kb 和大于 50 kb 四种情况。分别统计这 4 种情况下双峰驼、单峰驼和羊驼这 3 个物种片段复制的数量和长度。从复制片段的大小分析（表 4-3），这 3 个骆驼科动物绝大多数的片段复制主要在 1 kb 到 5 kb 之间，而大于 5 kb 的复制片段则相对较少。羊驼基因组中大于 5 kb 和大于 10 kb 的复制片段的数量最多，而单峰驼的数量最少。羊驼有 2 个大于 50 kb 的复制片段，双峰驼有一个，而单峰驼则没有。从复制片段的长度上看，双峰驼和单峰驼复制片段的长度为均为 26 Mb，而羊驼复制片段的总长度为 36 Mb。整体看来，羊驼基因组中片段复制的数量和长度要比双峰驼和单峰驼大。

表 4-3　双峰驼、单峰驼和羊驼基因组中片段复制的统计结果

Table 4-3　Summary of Segmental Duplications（SDs）in Bactrian camel, dromedary and alpaca genome

物种 Species	标准 Cutoff（kb）	SDs 数量 Number of SDs	中值大小 Median size（bp）	基因组覆盖 Genome coverage（bp）
双峰驼	>1	7 444	1 774	26 686 484
	>5	974	7 589	13 453 011
	>10	284	13 133	7 525 705
	>50	1	55 307	112 532

（续表）

物种 Species	标准 Cutoff（kb）	SDs 数量 Number of SDs	中值大小 Median size（bp）	基因组覆盖 Genome coverage（bp）
单峰驼	>1	10 604	1 628	26 087 631
	>5	702	6 803	10 325 058
	>10	153	12 554	4 356 878
	>50	—	—	—
羊驼	>1	24 295	2 124	36 422 148
	>5	3 823	7 152	19 304 290
	>10	948	12 543	9 940 988
	>50	2	51 872	208 636

4.2.3 基因家族聚类分析结果

基因家族分析结果（表4-4）表明，双峰驼、单峰驼和羊驼基因组中基因家族的数量分别是 16 671 个、15 735 个和 15 467 个，基因家族的平均基因数分别为 1.17、1.28 和 1.23，未聚类的基因数量分别为 714 个、622 个和 1 867 个，特有基因家族数量分别为 1 个、23 个和 19 个。未聚类基因和特有基因家族的数量在不同物种之间差异很大，这些可能与物种的特异表型特征有关。

表4-4　10个基因组同源基因家族统计

Table 4-4　Statistics for the orthologous gene families of ten genomes

物种 Species	基因数量 Genes number	未聚类基因 Unclustered genes	家族数量 Family number	特有家族 Unique families	家族的平均基因数 Average genes per family
双峰驼	20 251	714	16 671	1	1.17
单峰驼	20 714	622	15 735	23	1.28
羊驼	20 864	1 867	15 467	19	1.23
牛	21 014	562	15 566	33	1.31
马	20 383	269	15 460	23	1.30
狗	19 281	355	15 694	6	1.21
熊猫	19 329	318	15 960	2	1.19
人	21 642	1 195	15 911	98	1.29
小鼠	22 843	1 851	15 780	87	1.33
负鼠	19 448	1 195	15 942	213	1.14

注：未聚类的基因和特有家族是指其物种的所特有的。

Note：Unclustered genes and unique families refer to those specific to the current species.

将获得10个物种的同源基因家族进一步分成物种单拷贝同源基因（Single-copy orthologs）、多拷贝同源基因（Multiple-copy orthologs）、特异基因（Unique paralogs）、其他基因（Other orthologs）、未聚类基因（Unclustered genes）。分别统计负鼠、马、人、狗、熊猫、双峰驼、牛、单峰驼、小鼠和羊驼10个基因组中这五类基因各自的数量并绘制成累计直方图（图4-1）。从图中可以看出，这10个哺乳动物的单拷贝同源基因所占数量较大。然后分别依次是其他基因、多拷贝同源基因、未聚类基因和特异基因。在各个物种之间，物种共有基因家族中的单拷贝同源基因约占各个物种同源基因家族的一半左右，并且数量上保持相对稳定，没有大的差异。获得的这10个哺乳动物的物种共有基因家族中单拷贝同源基因的数量为 7 398

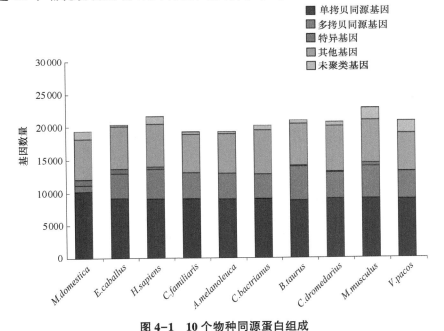

图 4-1　10个物种同源蛋白组成

Fig. 4-1　Orthologous protein composition inferred for ten genomes

注：10个物种从左到右分别为负鼠、马、人、狗、熊猫、双峰驼、牛、单峰驼、小鼠和羊驼。

Note：From left to right the ten species are opossum（*Monodelphis domestica*），horse（*Equus caballus*），human（*Homo sapiens*），dog（*Canis lupus familiaris*），panda（*Ailuropoda melanoleuca*），Bactrian camel（*Camelus bactrianus*），cow（*Bos taurus*），dromedary（*Camelus dromedarius*），mouse（*Mus musculus*），and alpaca（*Vicugna pacos*）.

个，这些可以用于后续 10 个物种的系统进化等分析。

对偶蹄目的双峰驼、单峰驼、羊驼和牛的直系同源基因家族进行分析（图 4-2），结果表明，这 4 个物种有 12 539 个直系同源基因家族，并且双峰驼、单峰驼和羊驼特有基因家族的数量分别是 156、153 和 296。

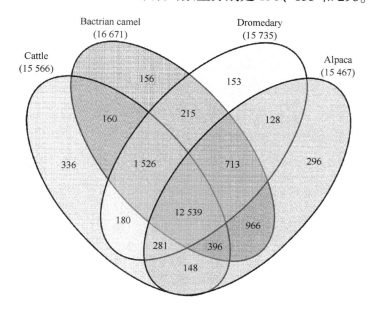

图 4-2　双峰驼、单峰驼、羊驼和牛特有基因家族和直系同源基因家族

Fig. 4-2　Unique gene families and homology gene families in Bactrian camel（*Camelus bactrianus*），dromedary（*Camelus dromedarius*），alpaca（*Vicugna pacos*），and cattle（*Bos taurus*）

4.2.4　物种进化树的构建结果

利用负鼠、人、小鼠、单峰驼、双峰驼、羊驼、牛、马、狗、熊猫共 10 个物种的 7 398 个单拷贝直系同源基因的四重简并位点连接形成超级基因，采用最大似然法构建这 10 个物种的系统发生树（图 4-3）。该图中各分支上数字说明，各个分支的可信度在 99%～100%，图形各个分支的可信度较高。从该图可以看出，本试验所绘制的这 10 个物种的进化关系从近及

远依次是，双峰驼和单峰驼、羊驼、牛、马、狗和熊猫、人和小鼠、负鼠。该系统发生树描绘这 10 个物种的进化关系与真实的进化关系相一致，这说明该系统发生树描绘正确。

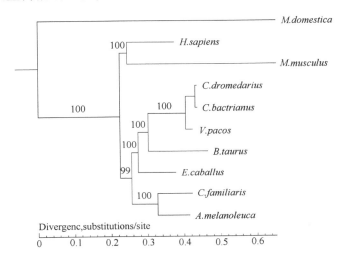

图 4-3 根据最大似然法构建的系统发生树

Fig. 4-3 Phylogenetic tree based on the maximum likehood method

注：单拷贝直系同源基因来自负鼠、人、小鼠、单峰驼、双峰驼、羊驼、牛、马、狗、熊猫的基因组。分支长度代表了中性分歧率。分支上的数字代表的是分支的可信度。

Note：Single-copy orthologous genes were from the selected genomes, including opossum (*Monodelphis domestica*), human (*Homo sapiens*), mouse (*Mus musculus*), dromedary (*Camelus dromedarius*), Bactrian camel (*Camelus bactrianus*), alpaca (*Vicugna pacos*), cow (*Bos taurus*), horse (*Equus caballus*), dog (*Canis lupus familiaris*), and panda (*Ailuropoda melanoleuca*). Branch lengths represent the neutral divergence rates. Numbers on the branches represent a LRT values, which illustrate the reliability of branches calculated by PhyML.

4.2.5 物种分歧时间的计算结果

利用系统进化树构建所使用的 7 398 个单拷贝直系同源基因的 CDs 序列估计分歧时间，并对估算的分歧时间使用 4 个化石标定时间进行校正，最终计算得到，双峰驼和单峰驼的分歧时间是 4.4 Mya（1.9~7.2 Mya），骆驼族和美洲驼族的分歧时间是 16.3 Mya（9.4～25.3 Mya），骆驼科和牛科的分歧时间是 42.7 Mya（33.2～51.0 Mya）（图 4-4）。

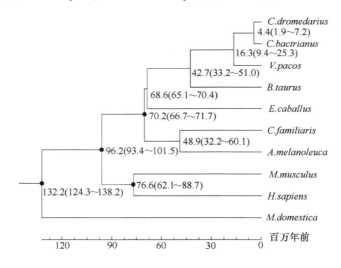

图 4-4　物种分歧时间估计
Fig. 4-4　Estimation of divergence time

注：各个节点上数字代表的是距今的分歧时间（百万年前，Mya）；4 个加红的内部节点是采用的化石标定进行的分析；括号内显示的数据是在 95% 置信区间内的估计分析时间范围。

Note： The numbers on the nodes represent the divergence times from present（million years ago，Mya）；the red points in four internal nodes indicate fossil calibration times were used in the analysis（see methods）；the estimated divergence times with their 95% confidence intervals are shown.

4.2.6　分支特异性 *Ka/Ks* 率计算结果

本试验采用 7 398 个单拷贝直系同源基因的 CDS 作为原始分析数据，计算 10 个物种的 *Ka/Ks* 值（ω 值）。计算得到双峰驼物种的 ω 值为 0.546，在这 10 个分析的物种最高。计算得到单峰驼的 ω 值为 0.544，与双峰驼极为接近。而作为美洲驼代表的羊驼，其 ω 值仅为 0.32，这与骆驼族的单峰驼和双峰驼得到的结果相差较大。与负鼠、人、小鼠、牛、马、狗、熊猫这 7 个动物相比，骆驼科 3 个物种的 ω 值要大很多（图 4-5）。

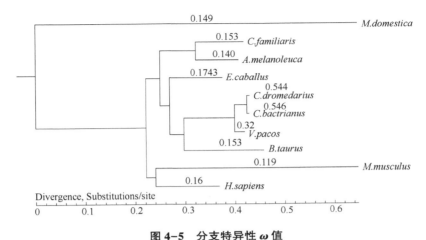

图 4-5　分支特异性 ω 值

Fig. 4-5　Branch specific ω values

4.2.7　SNP 判读和分布比较分析结果

使用 SOAPsnp 软件对双峰驼、单峰驼和羊驼基因组中的 SNPs 进行预测，并对结果进行统计（表 4-5）。

结果表明，双峰驼基因组中 SNPs 数量为 2 289 931 个，其基因组的杂合率约为 $1.158×10^{-3}$。从 SNPs 所处基因组不同染色体看，常染色体的杂合率约为 X 染色体杂合率的 2 倍。与位于基因组上 SNPs 的数量相比，双峰驼位于 CDs 上的 SNPs 较少，仅为 21 325 个，这说明双峰驼绝大部分的 SNPs 位于非编码区。此外，在 CDs 水平上，双峰驼常染色体 CDs 的杂合率约为性染色体的 2 倍。

单峰驼基因组中 SNPs 数量为 1 462 064 个，其基因组的杂合率约为 $0.740×10^{-3}$。从 SNPs 所处基因组不同染色体看，单峰驼常染色体杂合率约为 X 染色体杂合率的 4 倍。与位于基因组上 SNPs 的数量相比，单峰驼位于 CDs 上的 SNPs 较少，仅为 13 743 个，这说明单峰驼绝大部分的 SNPs 位于非编码区。此外，在 CDs 水平上，单峰驼常染色体 CDs 的杂合率约为性染色体的 3 倍。

羊驼基因组中 SNPs 数量为 5 346 387 个，其基因组的杂合率约为

2.665×10^{-3}。从 SNPs 所处基因组不同染色体看，羊驼常染色体的杂合率约为 X 染色体杂合率的 2.5 倍。与位于基因组上 SNPs 的数量相比，羊驼位于 CDs 上的 SNPs 较少，仅为 81 421 个，这说明羊驼绝大部分的 SNPs 位于非编码区。此外，在 CDs 水平上，羊驼常染色体 CDs 的杂合率约为性染色体的 2.8 倍。

表 4-5　双峰驼、单峰驼和羊驼基因组中鉴定的 SNPs 的统计

Table 4-5　Statistics of identified SNPs for genomes of Bactrian camel, dromedary and alpaca

物种 Species	类型 Type		分析区域 Analyzed regions	杂合子 Heterozygote	杂合率 Heterozygote rate（e-3）
双峰驼	基因组		1 976 686 993	2 289 931	1. 158 469 200
		常染色体	1 883 590 687	2 237 321	1. 187 795 743
		X 染色体	93 096 306	52 610	0. 565 113 722
	CDS		30 798 739	21 325	0. 692 398 478
		常染色体	29 713 812	20 975	0. 705 900 677
		X 染色体	1 084 927	350	0. 322 602 350
单峰驼	基因组		1 976 042 088	1 462 064	0. 739 895 172
		常染色体	1 884 026 699	1 443 561	0. 766 210 479
		X 染色体	92 015 389	18 503	0. 201 085 929
	CDS		30 874 565	13 743	0. 445 123 680
		常染色体	29 788 584	13 581	0. 455 912 909
		X 染色体	1 085 981	162	0. 149 173 881
羊驼	基因组		2 006 396 020	5 346 387	2. 664 671 853
		常染色体	1 907 527 860	5 237 686	2. 745 797 904
		X 染色体	98 868 160	108 701	1. 099 454 061
	CDS		42 584 726	81 421	1. 911 976 609
		常染色体	40 525 019	79 985	1. 973 719 001
		X 染色体	2 059 707	1 436	0. 697 186 542

注：通过 *LASTZ* 软件，将双峰驼基因组的序列与牛的 X 染色体进行比对，获得来源为 X 染色体的 Scaffold。

Note：The X-chromosome-derived scaffolds were identified by LASTZ alignment to the cattle X chromosome.

对从双峰驼、单峰驼和羊驼基因组上筛查得到的 SNPs 分布情况进行更进一步的分析。选择不重叠的 50 kb 序列作为一个窗口和计算单位，对每个

窗口下 SNPs 的密度进行计算并绘图，从而形成的双峰驼、单峰驼和羊驼这
3 个物种的基因组中所包含的 SNPs 密度分布图（图 4-6）。从大体趋势上看，
3 个物种的 SNPs 密度分布相似，均表现为包含低密度 SNPs 的窗口比例高，
而包含高密度的 SNP 窗口数量少，呈现出下滑趋势。但是这 3 个物种在 SNPs
分布上也存在一定的差异。其中，双峰驼和单峰驼的 SNPs 密度分布较为相
似。与双峰驼和单峰驼相比，羊驼基因组中包含低密度 SNPs 窗口的比例要低
很多，并且羊驼包含高密度的 SNP 窗口数量呈现一个小幅增加的峰。

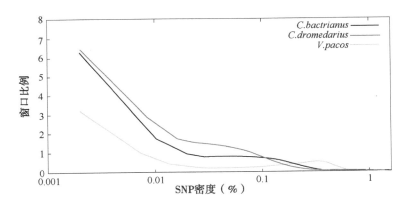

图 4-6　双峰驼、单峰驼和羊驼的 SNPs 密度

Fig. 4-6　Distribution of heterozygosity density in Bactrian camel，dromedary and alpaca

4.2.8　群体历史重建结果

利用获得的 3 个物种各自的 SNPs，采用配对顺序马尔科夫联合模型，构建
这 3 个骆驼科动物的群体历史（图 4-7）。分析表明，双峰驼祖先在 3.69 Mya、
2.61 Mya 分别发生了一次显著的群体规模数量减少，而在 60 Kya（Thousand
years ago，Kya）的时候其群体规模发生一次逐渐下降的过程。单峰驼祖先在
1.72 Mya 发生一次较大的群体数量下降，随后在 1.25 Mya 到 0.77 Mya 之间发生
了一次群体规模扩张，继而又在 0.77 Mya 缩小祖先群体规模。

从 5.37 Mya 到 2.09 Mya，羊驼的祖先群体规模发生了下降。而在更新
世（Pleistocene）的时候，羊驼的祖先群体规模发生了持续性扩张。这期

间，羊驼的祖先群体在 501 Kya、139 Kya 和 44 Kya 有 3 次遗传瓶颈现象的发生。羊驼祖先经历的最大一次群体扩张发生在 72 Kya，群体规模达到约 $113×10^4$，随后在 44 Kya 的时候，羊驼祖先群体规模发生了最大一次下降，群体规模减少到 $1.2×10^4$。

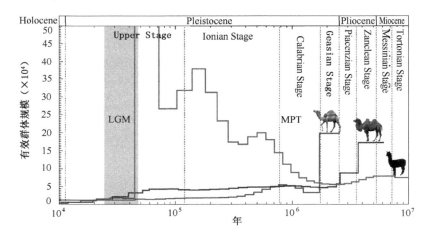

图 4-7　双峰驼、单峰驼和羊驼的群体历史规模

Fig. 4-7　Demographic history of Bactrian camel（blue line），dromedary（red line），and alpaca（green line）

注：从中新世（Miocene Epoch）到全新世（Holocene Epoch）的地质年代界限[205]采用虚线标注。中更新世过渡（middle Pleistocene transition，MPT）使用橙色带显示，南美洲的末次盛冰期（Last Glacial Maximum，LGM）使用蓝色带高亮显示。

Note：The geological time-boundaries[205] of each unit from Miocene Epoch to Holocene Epoch are marked using broken lines. The middle Pleistocene transition（MPT）is highlighted in orange band，and the Last Glacial Maximum（LGM）of South America is highlighted in blue band.

4.3　讨论

4.3.1　骆驼科动物基因组的共线性与片段复制

在物种的进化过程中，来源于同一共同祖先的不同物种其染色体上保留下来的同源性，即染色体上基因的种类和排列顺序上的相对保守性，称为共线性[206]。不同物种其基因组之间的共线性程度大小与物种进化关系的远近存在很大关系：进化关系较近的物种，染色体上发生的变异较少，从而保留更多的共同祖先的基因组或染色体的遗传特性；而进化关系较远的物种，由于分歧时间较长、染色体上积累的变异较多，导致彼此之间共有的特征序列较少，共线性程度较低。由于染色体数目和结构上的变化，导致来源于同一祖先的物种在配子形成的时候，无法进行同源染色体联会，从而导致物种间的生殖隔离形成。然而，先前的研究表明，在染色体进化方面，骆驼科动物具有一系列非常特殊的表型特征，例如，所有的骆驼科动物都有相同染色体数目 74 条[207]，各个骆驼科物种的染色体核型高度一致[208,209]，并且各个骆驼科物种之间没有生殖隔离，可以进行种间杂交[210,211]，这表明骆驼科动物之间的进化和分歧并没有主要发生在染色体水平。本试验通过对双峰驼、单峰驼和羊驼 3 个骆驼科动物的共线性分析发现，骆驼科动物的基因组具有较低的染色体重排率。因此，本研究支持骆驼科动物分歧进化是主要通过单个碱基变异和较小的染色体重排实现[209]的学术观点。

通过对 3 个骆驼科动物基因组的片段复制情况分析发现，双峰驼和单峰驼片段复制长度（26 Mb）小于羊驼（36 Mb），并且这 3 个骆驼科动物基因组片段复制长度小于牛（94.4 Mb）[10]。这 3 个骆驼科动物绝大多数的片段复制主要在 1 kb 到 5 kb 之间，大于 5 kb 的片段复制相对较少，羊驼、双峰驼和单峰驼大于 50 kb 复制片段的数量分别为 2 个、1 个和 0 个。这也反映了，作为染色体进化的一个方面，骆驼科动物基因组的片段复制主要是一些较短的序列，而大片段复制较少。

4.3.2　骆驼科动物进化关系和分歧时间推算

系统发生或系统发育是指物种的形成和进化历史。从达尔文时代开始，探寻物种起源，分析物种之间的进化关系，一直是生物科学领域一个重要的研究方向。通过对物种系统发生的推断，有助于了解物种的进化过程，揭示物种进化的历史和进化机制。

现代分子进化理论的发展，使我们可以根据物种核酸和蛋白质的序列信息来重建生物的进化史。对于系统发育树的构建，需要根据特定的研究目的，选择特定序列或序列集进行系统发生分析。基于单条序列构建的系统发生树，只能反映单个基因或蛋白质的进化水平。考虑到物种的全基因组是由大量的基因构成，研究不同物种之间的进化关系和历史最佳方法就是在全基因组水平上构建系统发生树。所以，先前根据线粒体基因组对双峰驼和羊驼进化历史的研究[212]并不能全面、准确地反映骆驼科动物的进化历史。而最近关于双峰驼基因组的报道，仅利用2 345个单拷贝基因对骆驼和牛的进化历史进行了预测，并没有关于骆驼科动物的进化历史研究[13]。本试验利用双峰驼、单峰驼、羊驼3个骆驼科物种和其他7个已经测序物种（人、小鼠、牛、马、狗、熊猫、负鼠）全基因组的7 398个单拷贝直系同源基因的四重兼并位点连接形成超级基因，采用最大似然法构建这10个物种的系统发生树。从本试验构建的系统发育树可以看出，这10个物种进化关系从近及远依次是，双峰驼和单峰驼（偶蹄目骆驼科骆驼族）、羊驼（偶蹄目骆驼科美洲驼族）、牛（偶蹄目牛科）、马（奇蹄目）、狗和熊猫（食肉目）、人和小鼠（灵长目和啮齿目）、负鼠（后兽亚纲负鼠目）。本试验绘制出各个物种的进化关系与物种间的真实进化关系相一致，说明了绘制的进化树其拓扑学结构正确。

为了对骆驼科各物种的分歧时间进行估算，利用系统进化树构建所使用的7 398个单拷贝直系同源基因的CDs序列估计物种的分歧时间，同时采用4个化石标定时间校正估算的物种分歧时间，最终计算得到，双峰驼和单峰驼的分化时间在4.4 Mya。先前的研究表明，双峰驼和单峰驼的祖先可能在中新世晚期（7.246~4.9 Mya）[17,22]通过白令地峡（Bering Isthmus）从北美洲迁徙到欧亚大陆。双峰驼和单峰驼的分歧时间晚于该两个物种祖先进入欧亚大陆的时间，这说明双峰驼和单峰驼在进入欧亚大陆后才发生分化。另外，本试验分析获得的骆驼族和美洲驼族分化时间是16.3 Mya，这与古生物学研究得到的这两个族在17 Mya时发生分化[213]的结论相一致。

对于骆驼科与牛科的进化时间推算，本试验获得的两个科之间的分歧时间在 42.7 Mya（33.2~51.0 Mya），略微晚于先前报道的 55~60 Mya[13]，但和古生物学研究报道的骆驼科动物最早出现在美洲大陆的时间（45.9 Mya）[17]结果相一致。

4.3.3　骆驼科动物的选择压力

分支特异性 *Ka/Ks*（非同义突变/同义突变）的替代率（ω）用于衡量一个进化分支上适应性进化的大小。物种所生活的环境不同，其受到自然选择的压力和产生适应性进化的大小也不同。在对 10 个物种 ω 值的分析中，本研究发现，双峰驼、单峰驼和羊驼 ω 值比其他的 7 个物种高，并且双峰驼和单峰驼的 ω 值高于羊驼，这表明骆驼科动物受到加速进化。由于 ω 值反映的是物种受到的环境压力产生适应性进化的大小。在这 10 个物种中，双峰驼和单峰驼受到恶劣沙漠环境的选择，而羊驼受到高原环境的选择。相对于其他的 7 个物种，骆驼科动物适应沙漠或高原恶劣环境的能力比其他 7 个物种大。所以，本试验分析得到的结果与实际情况相符。先前的研究表明，哺乳动物具有非常强的快速进化能力以适应环境的快速变化[214]。因此，双峰驼、单峰驼和羊驼的加速进化也反映出其骆驼科动物通过其特有的加速进化获得新功能或增强的功能以适应干旱、高原等不利的环境。

4.3.4　骆驼科动物的群体历史规模的变化

对于物种群体规模历史进行分析有助于理解物种的进化。本试验对双峰驼、单峰驼和羊驼这 3 个骆驼科动物群体历史进行了研究。结果表明，双峰驼祖先在 3.69 Mya 和 2.61 Mya 时分别发生了一次显著的遗传瓶颈现象。单峰驼祖先的两次群体规模下降分别发生在 1.72 Mya 和 0.77 Mya。将地质年代数据与群体历史变化的年代相比较可以看出，双峰驼祖先和单峰驼祖先群体规模两次下降的时间分别与赞克尔阶（Zanclean stage）和皮亚琴察阶（Piacenzian stage）（3.60 Mya）、皮亚琴察阶（Piacenzian stage）和格拉斯阶（Gelasian stage）（2.59 Mya）、格拉斯阶（Gelasian stage）和卡拉布里亚阶（Calabrian stage）（1.81 Mya）以及卡拉布里亚阶（Calabrian stage）和爱奥尼亚阶（Ionian stage）（0.78 Mya）的地质年代界限[205] 高度一致。这表明，双峰驼和单峰驼祖先群体规模的变化可能受到地质年代变化的影响。

单峰驼祖先群体规模在1.25~0.77 Mya 发生了一次小的扩张。这个扩张与发生在1.25~0.70 Mya 的中更新世过渡（Middle pleistocene transition, MPT）[215] 的时间相一致。在中新世过渡的时间内，全球的气候周期发生了根本性改变[215]，并且这种气候的改变严重影响了生物区系的分布和进化[216]。此外，单峰驼祖先群体扩张的时期与发生在1.2~0.60 Mya 的盖莱里安哺乳动物期（Galerian mammal age）[217] 高度一致。盖莱里安哺乳动物期的一个显著性特征是动物区系的更新，并且在某些情况下引起一些新出现的物种更加适应干旱寒冷的气候[217]。另一项研究表明，骆驼科物种多样性的最大值也发生在盖莱里安哺乳动物期的早期[218]。综上所述，单峰驼祖先在中更新世过渡的时期适应了气候的变化并且进行了群体扩张。

双峰驼祖先群体最近一次群体规模的缓慢下降开始于60 Kya。该时间与人类走出非洲进入到欧亚大陆的时间相一致[219]。考虑到双峰驼生活的栖息地正是欧亚大陆，所以这意味着人类活动对双峰驼祖先群体规模最近一次下降产生了影响。

羊驼祖先群体规模首次下降时间发生在5.37~2.09 Mya。在地质年代的划分上，墨西拿阶（Messinian stage）和赞克尔阶（Zanclean stage）的分界时间为5.37 Mya[205]。而2.09 Mya 这个时间点位于尤科安期（Uquian age）（3~1.2 Mya）[27]。在尤科安期内，由于巴拿马路桥（Panamanian land bridge）的出现，将南美洲和北美洲连成一块大陆，从而导致了美洲生物大迁徙（Great American Biotic Interchange）[27]。而羊驼的祖先正是在这个时间内通过巴拿马路桥到达了南美洲[27]。这表明迁徙可能对羊驼祖先群体规模的减小产生了影响。

本试验通过分析发现，羊驼的祖先群体规模在更新世（Pleistocene）的时候发生了持续的扩张。这可能是与羊驼的祖先到达南美洲之后适应了南美洲的环境有关。羊驼祖先群体规模在 44 Kya 的时候发生了最大一次下降，群体规模从 113×10^4 减少到 1.2×10^4。先前的研究表明，南美洲的末次盛冰期（Last glacial maximum，LGM）发生在 48～25 Kya[220]。综上所述，发生在更新世末期的羊驼群体祖先规模最后一次下降可能是由于寒冷气候的影响。

4.4　本章小结

（1）骆驼科动物的基因组具有较低的染色体重排率，骆驼科物种的分歧进化并没有主要发生在染色体水平，而是通过单个碱基变异和较小的染色体重排实现。

（2）双峰驼和单峰驼的分歧时间是 4.4 Mya，并且是在进入欧亚大陆之后才发生的分化。骆驼族和美洲驼族分歧时间是 16.3Mya。骆驼科和牛科之间的分歧时间是在 42.7 Mya。

（3）骆驼科动物通过其特有的加速进化以适应干旱、高原等不利的环境。

（4）双峰驼、单峰驼和羊驼祖先群体规模的变化时间与地质年代的界限一致。单峰驼群体规模曾受到环境变化的影响，双峰驼群体规模曾受到人类活动的影响。

（5）羊驼群体规模曾受到迁徙、环境变化、末次盛冰期等因素的影响。

第5章
骆驼沙漠适应性的比较基因组学分析

　　骆驼科（Camelidae）动物最早出现在 45.9 Mya 的北美大陆[17,18]。由于自然环境的变化、动物迁徙等原因，分化形成了具有沙漠适应性的骆驼族动物和具有高原适应性的美洲驼族动物。为了适应不同的环境，骆驼科动物在形态、生理和基因组等水平上发生了极其显著的变化，从而使得骆驼科的这些动物成为研究极端沙漠环境适应性进化的良好素材。通过对双峰驼、单峰驼和羊驼等多个物种进行比较基因组学分析，可以帮助我们了解骆驼科物种基因组的进化，使我们从基因组层次揭示骆驼对于沙漠环境适应性的遗传学基础。

5.1　材料与方法

5.1.1　试验材料

　　完成基因组组装和注释的双峰驼、单峰驼和羊驼的基因组序列。

5.1.2　基因家族收缩扩张分析

　　收缩扩张的基因往往与物种上一些通路有关，而这些通路往往与物种的特异性关联。使用 CAFE[221] 软件分析基因家族在进化过程中的收缩扩张情况。CAFE 软件使用一个随机出生（Birth）和死亡（Death）模型，结合系统发生分析中得到的物种进化树和分歧时间，对基因家族的基因获得和缺失进行分析。首先用最大似然法来估算出代表每个节点上基因出生（λ）

和死亡（$\mu = -\lambda$）的参数 λ 值。然后，计算每个基因家族的条件 P 值。条件 P 值小于 0.05 的基因家族将被视为在基因获得和缺失方面具有加速率。

5.1.3 正选择分析

当一个群体中出现能够提高个体生存力及育性的突变时，具有该基因的个体将比其他个体留下更多的子代，从而使突变基因最终在整个群体中扩散。这种选择被称为正选择（Positive selection）。利用 PAML[197] 程序的最大似然方法检测基因是否处于正选择下。对于这 3 个哺乳动物的基因组采用分支—位点模型（Branch-Site Model，BSM）估算正选择基因。假设模型 A1，其中所有位点受到中性选择（Neutral selection）和纯化选择（Purifying selection）。模型 A，允许位点也可以受到正选择。对模型 A1 和模型 A 进行比较分析，并采用卡方检验的多重比较计算 P 值。鉴于正选择基因（Positively selected genes，PSGs）的准确性受到分支—位点模型序列比对质量的影响，为了提高序列比对质量，采用 PRANK[222] 序列比对工具进行序列比对。PRANK 可以根据进化信息，决定哪里存在插入/缺失。利用 Gblocks[223] 过滤 PRANK 比对结果，并剔除包含低保守位点的基因（<0.4）。保守的序列被用作 PAML 的输入文件。

5.1.4 包含特异氨基酸变异的蛋白筛查

为了进行包含特异氨基酸变异的蛋白筛查，收集了 23 个物种的基因集，包括：人（*Homo sapiens*）、猪（*Sus scrofa*）、牛（*Bos taurus*）、狗（*Canis lupus familiaris*）、熊猫（*Ailuropoda melanoleuca*）、小鼠（*Mus musculus*）、多纹黄鼠（*Spermophilus tridecemlineatus*）、马（*Equus caballus*）、猕猴（*Macaca mulatta*）、狨猴（*Callithrix jacchus*）、白颊长臂猿（*Nomascus leucogenys*）、大猩猩（*Gorilla gorilla*）、苏门答腊猩猩（*Pongo abelii*）、裸鼹鼠（*Heterocephalus glaber*）、豚鼠（*Cavia porcellus*）、大鼠（*Rattus norvegicus*）、家短尾负鼠（*Monodelphis domestica*）、兔（*Oryctolagus cuniculus*）、小棕蝠（*Myotis Lucifugus*）、尤氏大袋鼠（*Macropus eugenii*）、非洲象（*Loxodonta africana*）、鸭嘴兽（*Or-*

骆驼基因组学研究

nithorhynchus anatinus）和九带犰狳（*Dasypus novemcinctus*）。首先，利用 Treefam 软件确定了单峰驼、双峰驼和这 23 个物种的单拷贝直系同源基因。然后，用 MUSCLE[191] 软件对每个直系同源基因进行序列比对。利用 Perl 脚本对每个多重序列比对结果进行检验。并选择在 23 个哺乳动物的基因组中保守，而在双峰驼或单峰驼的基因组中非保守的氨基酸序列，从而筛选出特异氨基酸变异的蛋白。

5.1.5 基因获得和缺失

对双峰驼和单峰驼进行基因获得和缺失（Gene gain and loss）分析。对于蛋白共线性分析，如果双峰驼没有单峰驼的直系同源基因，并且排除了可能由于注释或基因组组装造成的假阳性预测，则定义这些基因在双峰驼发生缺失或在单峰驼发生获得。以单峰驼作为参考，使用该方法确定双峰驼的获得基因。

5.1.6 快速进化

依据 *Ka/Ks* 方法鉴定基因本体论（Gene ontology，GO）条目在目的物种的显著性高低。首先，利用 Treefam 方法在选择的物种中获得单拷贝直系同源基因。然后，使用 PRANK[222] 对这些单拷贝直系同源基因进行多序列比对。使用 Gblocks[223] 过滤 PRANK 的序列比对结果。过滤后，使用 PAML 软件根据 F3X4 密码子频率模型和 REV 替代矩阵估算 *Ka* 和 *Ks*。人的 GO 注释结果从 Ensembl 数据库（Release 69）中下载下来，并用于进化基因 GO 分析。计算每个 GO 的 *Ka* 和 *Ks* 值，并且过滤小于 20 个直系同源基因的 GO 条目。对于一个给定的 GO 条目，假定二项分布（Binominal distribution）对观察相等或更高数量的非同义替代概率进行计算。在显著性的高（低）系统参数下，为了确定一个条目的子集是否进化，对于相同数据集的 GO 注释进行随机排列并重复程序 10 000 次，以检测概率值是否小于阈值。对获得 $P \leqslant 0.01$ 的 GO 条目进行进一步的分析。

5.2　结果与分析

5.2.1　基因家族收缩扩张分析结果

本试验结合系统发生分析中得到的物种进化树和分歧时间，对基因家族在进化过程中的收缩扩张情况进行分析（图 5-1）。结果表明，双峰驼的基因组上有 183 个扩张的基因家族和 753 个收缩的基因家族。单峰驼的基因组上有 373 个扩张的基因家族和 853 个收缩的基因家族。与双峰驼和单峰驼相比，羊驼的基因组上具有更多的基因家族收缩和扩张变化，其基因组上包含了 501 个扩张的基因家族和 2 189 个收缩的基因家族。

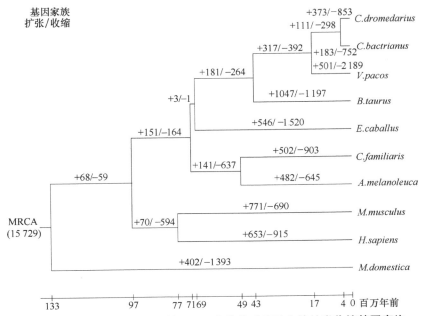

图 5-1　双峰驼、单峰驼、羊驼和 7 个其他哺乳动物的扩张收缩基因家族

Fig. 5-1　Expansion/extraction of gene families in the dromedary, Bactrian camel, alpaca and seven other mammals

对双峰驼基因组上 183 个扩张的基因家族进行 GO 分析，一共得到 42 个注释条目（表 5-1）。这些 GO 富集的条目包括嗅觉受体活性（GO：0004984）、G-蛋白偶联受体活性（GO：0004930）、G-蛋白偶联受体蛋白信号通路（GO：0007186）、受体活性（GO：0004872）、细胞进程调节（GO：0050794）、膜组分（GO：0016021）、信号转导（GO：0007165）、生物调节（GO：0065007）、细胞组分（GO：0044464）、细胞进程（GO：0009987）、膜（GO：0016020）等条目。

表 5-1 双峰驼基因组中扩张基因家族的 GO 富集分析

Table 5-1 GO enrichment analysis for expansion gene families in Bactrian camel genome

GO 编号 GO ID	描述 Description	分类 Taxonomy	P 值 P-value	基因数量 Number of genes
GO：0004984	olfactory receptor activity	MF	1.45e-111	87
GO：0004930	G-protein coupled receptor activity	MF	1.29e-76	89
GO：0007186	G-protein coupled receptor protein signaling pathway	BP	1.04e-65	92
GO：0071841	cellular component organization or biogenesis at cellular level	BP	1.4e-55	45
GO：0004872	receptor activity	MF	4.4e-55	91
GO：0034622	cellular macromolecular complex assembly	BP	1.3e-38	42
GO：0044085	cellular component biogenesis	BP	1.5e-37	45
GO：0043232	intracellular non-membrane-bounded organelle	CC	6.0e-37	51
GO：0016021	integral to membrane	CC	9.6e-32	92
GO：0007165	signal transduction	BP	6.2e-28	94
GO：0000786	nucleosome	CC	2.3e-27	28
GO：0006334	nucleosome assembly	BP	6.7e-26	28
GO：0044446	intracellular organelle part	CC	1.8e-23	42
GO：0005525	GTP binding	MF	4.6e-21	28
GO：0032991	macromolecular complex	CC	6.1e-19	51
GO：0003924	GTPase activity	MF	1.4e-15	24
GO：0005874	microtubule	CC	4.6e-15	14
GO：0051258	protein polymerization	BP	1.3e-14	14
GO：0065007	biological regulation	BP	1.5e-14	105
GO：0050794	regulation of cellular process	BP	4.3e-13	100

（续表）

GO 编号 GO ID	描述 Description	分类 Taxonomy	P 值 P-value	基因数量 Number of genes
GO：0005198	structural molecule activity	MF	8.1e-13	23
GO：0044464	cell part	CC	2.3e-12	156
GO：0005549	odorant binding	MF	2.1e-11	6
GO：0009987	cellular process	BP	2.8e-10	158
GO：0007018	microtubule-based movement	BP	4.2e-10	14
GO：0016020	membrane	CC	4.9e-10	94
GO：0043229	intracellular organelle	CC	2.8e-08	57
GO：0005634	nucleus	CC	2.1e-06	34
GO：0005550	pheromone binding	MF	4.6e-06	3
GO：0004869	cysteine-type endopeptidase inhibitor activity	MF	9.0e-06	5
GO：0008199	ferric iron binding	MF	3.3e-05	5
GO：0004866	endopeptidase inhibitor activity	MF	4.5e-05	9
GO：0006879	cellular iron ion homeostasis	BP	5.1e-05	5
GO：0003677	DNA binding	MF	0.0003	30
GO：0008146	sulfotransferase activity	MF	0.001	5
GO：0016032	viral reproduction	BP	0.005	4
GO：0003735	structural constituent of ribosome	MF	0.008	9
GO：0005840	ribosome	CC	0.008	9
GO：0042254	ribosome biogenesis	BP	0.011	3
GO：0030163	protein catabolic process	BP	0.012	6
GO：0004867	serine-type endopeptidase inhibitor activity	MF	0.025	4
GO：0004222	metalloendopeptidase activity	MF	0.034	5

　　对单峰驼的基因组上373个扩张的基因家族进行GO分析，一共得到68个注释条目（表5-2）。这些注释的条目包括细胞进程（GO：0009987）、代谢进程（GO：0008152）、细胞内组分（GO：0044424）、RNA结合（GO：0003723）、RNA指导的DNA聚合酶活性（GO：0003964）、结构分子活性（GO：0005198）、受体活性（GO：0004872）、跨膜受体蛋白活性（GO：0004888）、细胞表面受体链接的信号通路（GO：0007166）、G蛋白耦联受体活性（GO：0004930）等。

表 5-2　单峰驼基因组中扩张基因家族的 GO 富集分析

Table 5-2　GO enrichment analysis for expansion gene families in dromedary genome

GO 编号 GO ID	描述 Description	分类 Taxonomy	P 值 P-value	基因数量 Number of genes
GO：0003964	RNA-directed DNA polymerase activity	MF	0	225
GO：0006278	RNA-dependent DNA replication	BP	0	225
GO：0016779	nucleotidyl transferase activity	MF	0	229
GO：0003723	RNA binding	MF	1.5e-283	240
GO：0003735	structural constituent of ribosome	MF	2.6e-235	175
GO：0005840	ribosome	CC	2.6e-235	175
GO：0034645	cellular macromolecule biosynthetic process	BP	9.7e-208	433
GO：0006412	translation	BP	6.1e-171	178
GO：0044249	cellular biosynthetic process	BP	5.7e-170	435
GO：0005198	structural molecule activity	MF	2.7e-168	193
GO：0043232	intracellular non-membrane-bounded organelle	CC	2.1e-142	219
GO：0044444	cytoplasmic part	CC	1.87e-115	196
GO：0016772	transferase activity, transferring phosphorus-containing groups	MF	4.63e-104	232
GO：0044260	cellular macromolecule metabolic process	BP	5.7e-104	455
GO：0005737	cytoplasm	CC	7.2e-91	214
GO：0043170	macromolecule metabolic process	BP	6.8e-86	471
GO：0032991	macromolecular complex	CC	7.7e-77	215
GO：0044237	cellular metabolic process	BP	1.5e-68	462
GO：0003676	nucleic acid binding	MF	4.1e-55	298
GO：0044238	primary metabolic process	BP	4.5e-55	473
GO：0016740	transferase activity	MF	2.5e-53	236
GO：0090304	nucleic acid metabolic process	BP	7.2e-53	255
GO：0009987	cellular process	BP	1.0e-50	636
GO：0016503	pheromone receptor activity	MF	2.3e-41	33
GO：0006139	nucleobase, nucleoside, nucleotide and nucleic acid metabolic process	BP	3.2e-40	262
GO：0008152	metabolic process	BP	1.8e-37	487
GO：0044267	cellular protein metabolic process	BP	3.5e-34	200
GO：0043229	intracellular organelle	CC	2.2e-32	239
GO：0010467	gene expression	BP	2.77e-29	208

（续表）

GO 编号 GO ID	描述 Description	分类 Taxonomy	P 值 P-value	基因数量 Number of genes
GO：0044424	intracellular part	CC	4.37e-27	260
GO：0019538	protein metabolic process	BP	3.68e-23	219
GO：0005506	iron ion binding	MF	2.09e-19	43
GO：0004930	G-protein coupled receptor activity	MF	5.8e-19	114
GO：0008199	ferric iron binding	MF	1.6e-18	22
GO：0006826	iron ion transport	BP	3.7e-18	22
GO：0006879	cellular iron ion homeostasis	BP	3.7e-18	22
GO：0004888	transmembrane receptor activity	MF	1.24e-13	121
GO：0004872	receptor activity	MF	1.4e-11	125
GO：0015934	large ribosomal subunit	CC	3.6e-11	11
GO：0004984	olfactory receptor activity	MF	1.0e-10	81
GO：0004129	cytochrome-c oxidase activity	MF	5.8e-10	16
GO：0019843	rRNA binding	MF	7.14e-10	11
GO：0007186	G-protein coupled receptor protein signaling pathway	BP	4.56e-09	114
GO：0005622	intracellular	CC	1.68e-08	294
GO：0044427	chromosomal part	CC	2.13e-08	28
GO：0045095	keratin filament	CC	4.84e-07	14
GO：0007166	cell surface receptor linked signaling pathway	BP	5.57e-07	116
GO：0020037	heme binding	MF	6.58e-07	21
GO：0015078	hydrogen ion transmembrane transporter activity	MF	3.63e-06	18
GO：0000775	chromosome, centromeric region	CC	5.45e-06	9
GO：0004497	monooxygenase activity	MF	1.32e-05	16
GO：0005739	mitochondrion	CC	2.3e-05	18
GO：0046080	dUTP metabolic process	BP	7.8e-05	5
GO：0006457	protein folding	BP	9.3e-05	14
GO：0000785	chromatin	CC	0.0001	19
GO：0044446	intracellular organelle part	CC	0.00024	62
GO：0015935	small ribosomal subunit	CC	0.00026	5
GO：0006414	translational elongation	BP	0.0004	7
GO：0003824	catalytic activity	MF	0.0011	315
GO：0004190	aspartic-type endopeptidase activity	MF	0.002	8
GO：0042612	MHC class I protein complex	CC	0.003	5

（续表）

GO 编号 GO ID	描述 Description	分类 Taxonomy	P 值 P-value	基因数量 Number of genes
GO：0044464	cell part	CC	0.005	433
GO：0042611	MHC protein complex	CC	0.005	6
GO：0000786	nucleosome	CC	0.007	13
GO：0019882	antigen processing and presentation	BP	0.008	6
GO：0006334	nucleosome assembly	BP	0.027	13
GO：0016272	prefoldin complex	CC	0.031	3
GO：0007156	homophilic cell adhesion	BP	0.031	10

对羊驼的基因组上 501 个扩张的基因家族进行 GO 分析，一共得到 41 个注释条目（表 5-3）。这些 GO 注释的条目包括细胞进程（GO：0009987）、细胞组分（GO：0044424）、大分子代谢进程（GO：0043170）、基因表达（GO：0010467）、生物调节（GO：0065007）、金属离子结合（GO：0046872）、初级代谢进程（GO：0044238）、蛋白代谢进程（GO：0019538）、过渡金属离子结合（GO：0046914）、细胞进程调节（GO：0050794）、结构分子活性（GO：0005198）、锌离子结合（GO：0008270）等。

表 5-3　羊驼基因组中扩张基因家族的 GO 富集分析

Table 5-3　GO enrichment analysis for expansion gene families in alpaca genome

GO 编号 GO ID	描述 Description	分类 Taxonomy	P 值 P-value	基因数量 Number of genes
GO：0003735	structural constituent of ribosome	MF	3.98e-140	75
GO：0005840	ribosome	CC	3.98e-140	75
GO：0006412	translation	BP	7.89e-104	75
GO：0005198	structural molecule activity	MF	5.898e-95	81
GO：0010467	gene expression	BP	2.22e-79	138
GO：0034645	cellular macromolecule biosynthetic process	BP	5.096e-79	138
GO：0043232	intracellular non-membrane-bounded organelle	CC	5.18e-59	81
GO：0043170	macromolecule metabolic process	BP	7.45e-39	164

（续表）

GO 编号 GO ID	描述 Description	分类 Taxonomy	P 值 P-value	基因数量 Number of genes
GO：0044260	cellular macromolecule metabolic process	BP	3.2e−34	145
GO：0032991	macromolecular complex	CC	2.3e−31	81
GO：0006355	regulation of transcription，DNA−dependent	BP	4.3e−29	64
GO：0046914	transition metal ion binding	MF	5.5e−29	99
GO：0005622	intracellular	CC	1.68e−27	160
GO：0008199	ferric iron binding	MF	6.3e−26	20
GO：0044238	primary metabolic process	BP	1.1e−25	164
GO：0006826	iron ion transport	BP	1.5e−25	20
GO：0046872	metal ion binding	MF	2.3e−25	112
GO：0006879	cellular iron ion homeostasis	BP	3.45e−25	20
GO：0019538	protein metabolic process	BP	6.49e−25	101
GO：0015935	small ribosomal subunit	CC	6.98e−21	15
GO：0044267	cellular protein metabolic process	BP	8.19e−21	82
GO：0008270	zinc ion binding	MF	2.56e−19	79
GO：0009987	cellular process	BP	4.32e−19	218
GO：0044464	cell part	CC	8.7e−16	208
GO：0043229	intracellular organelle	CC	5.55e−14	89
GO：0065007	biological regulation	BP	3.9e−12	119
GO：0007276	gamete generation	BP	5.1e−10	7
GO：0007156	homophilic cell adhesion	BP	2.9e−08	13
GO：0003676	nucleic acid binding	MF	2.01e−07	68
GO：0050794	regulation of cellular process	BP	5.79e−06	99
GO：0007155	cell adhesion	BP	6.42e−06	17
GO：0005003	ephrin receptor activity	MF	3.58e−05	5
GO：0004984	olfactory receptor activity	MF	0.00026	30
GO：0006952	defense response	BP	0.0005	7
GO：0005886	plasma membrane	CC	0.0005	18
GO：0005874	microtubule	CC	0.0007	6
GO：0051258	protein polymerization	BP	0.001	6
GO：0007169	transmembrane receptor protein tyrosine kinase signaling pathway	BP	0.0078	5
GO：0030163	protein catabolic process	BP	0.0106	7
GO：0007018	microtubule−based movement	BP	0.018	6
GO：0004222	metalloendopeptidase activity	MF	0.026	6

5.2.2　正选择分析结果

本试验利用最大似然方法对双峰驼、单峰驼和羊驼的基因组的正选择基因进行检测。结果表明，双峰驼有 287 个正选择基因，单峰驼有 324 个正选择基因，并且这两个物种具有 151 个共有的正选择基因（附表 1~2）。这表明，双峰驼和单峰驼受到相似的自然选择和进化。进一步分析这些正选择基因具有离子通道（如 *SLC9A8*、*KCNG*1、*SLC9A10* 等）、免疫（如 *NFATC1*、*CX3CR*1、*IRF*8、*IL17RE* 等）、脂肪和能量代谢（*LPPR*1、*SLC10A1*、*SLC10A4* 等）、激素代谢与调节（*TG*、*TPO*、*THRAP*3 等）、抗氧化（*PRDX*3、*HSPA*9、*PRDX*4 等）等方面的活性。

5.2.3　包含特异氨基酸变异的蛋白筛查结果

本试验通过将 23 个物种基因集的蛋白数据分别与双峰驼和单峰驼的数据进行比较分析，筛查双峰驼和单峰驼特异氨基酸变异的蛋白（图 5–2）。结果表明，双峰驼具有 350 个含有特异氨基酸变异的蛋白，单峰驼有 343 个含有特异氨基酸变异的蛋白。

为了进一步了解双峰驼基因组中含有特异氨基酸变异基因的功能，对这些基因进行 GO 功能富集分析，共获得 14 个 GO 富集结果（表 5–4）。这些结果其中包括，蛋白磷酸化（GO：0006468）、蛋白激酶活性（GO：0004672）、催化活性（GO：0003824）、磷酸转移酶活性（GO：0016772）、丝氨酸/苏氨酸蛋白激酶活性（GO：0004674）、激酶活性（GO：0016301）、ATP 结合活性（GO：0005524）、磷酸复合物代谢活性（GO：0006796）、大分子修饰（GO：0043412）、蛋白修饰（GO：0006464）、液泡质子转运 V 型 ATP 酶（GO：0000221）、小分子结合（GO：0036094）等条目。从该结果可以看出，双峰驼基因组中含有特异氨基酸变异基因的主要功能是参与 ATP 代谢、蛋白酶激活、分子结合等生物催化反应。

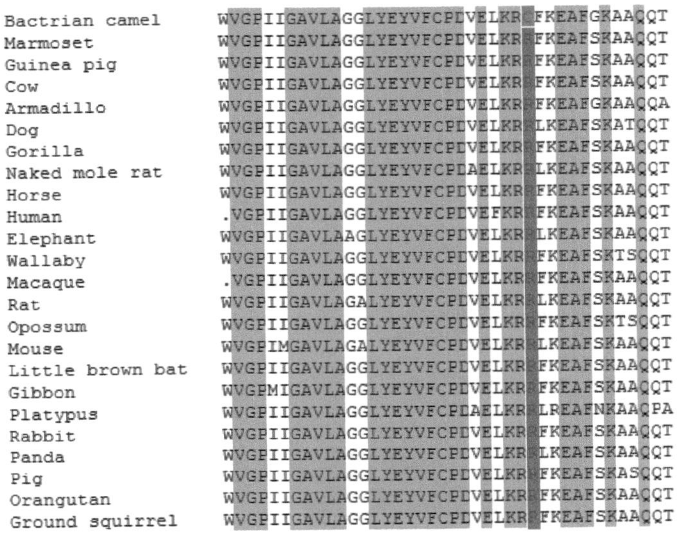

```
Bactrian camel   WVGPIIGAVLAGGLYEYVFCPDVELKRRFKEAFGKAAQQT
Marmoset         WVGPIIGAVLAGGLYEYVFCPDVELKRRFKEAFSKAAQQT
Guinea pig       WVGPIIGAVLAGGLYEYVFCPDVELKRRFKEAFSKAAQQT
Cow              WVGPIIGAVLAGGLYEYVFCPDVELKRRFKEAFGKAAQQA
Armadillo        WVGPIIGAVLAGGLYEYVFCPDVELKRRFKEAFGKAAQQA
Dog              WVGPIIGAVLAGGLYEYVFCPDVELKRRLKEAFSKATQQT
Gorilla          WVGPIIGAVLAGGLYEYVFCPDVELKRRLKEAFSKAAQQT
Naked mole rat   WVGPIIGAVLAGGLYEYVFCPDVELKRRFKEAFSKAAQQT
Horse            WVGPIIGAVLAGGLYEYVFCPDVELKRRFKEAFSKAAQQT
Human            .VGPIIGAVLAGGLYEYVFCPDVEFKRRFKEAFSKAAQQT
Elephant         WVGPIIGAVLAAGLYEYVFCPDVELKRRLKEAFSKTSQQT
Wallaby          WVGPIIGAVLAGGLYEYVFCPDVELKRRFKEAFSKTSQQT
Macaque          .VGPIIGAVLAGGLYEYVFCPDVELKRRFKEAFSKAAQQT
Rat              WVGPIIGAVLAGALYEYVFCPDVELKRRLKEAFSKAAQQT
Opossum          WVGPIIGAVLAGGLYEYVFCPDVELKRRFKEAFSKTSQQT
Mouse            WVGPIMGAVLAGALYEYVFCPDVELKRRLKEAFSKAAQQT
Little brown bat WVGPIIGAVLAGGLYEYVFCPDVELKRRFKEAFSKAAQQT
Gibbon           WVGPMIGAVLAGGLYEYVFCPDVELKRRFKEAFSKAAQQT
Platypus         WVGPIIGAVLAGGLYEYVFCPDAELKRRLREAFNKAAQPA
Rabbit           WVGPIIGAVLAGGLYEYVFCPDVELKRRFKEAFSKAAQQT
Panda            WVGPIIGAVLAGGLYEYVFCPDVELKRRLKEAFSKAAQQT
Pig              WVGPIIGAVLAGGLYEYVFCPDVELKRRFKEAFSKASQQT
Orangutan        WVGPIIGAVLAGGLYEYVFCPDVELKRRFKEAFSKAAQQT
Ground squirrel  WVGPIIGAVLAGGLYEYVFCPDVELKRRFKEAFSKAAQQT
```

图 5-2　双峰驼 AQP4 的特异氨基酸变异

Fig. 5-2　Bactrian camel's unique amino acid changes in the *AQP*4 gene.

注：红色框表明双峰驼在 R261C 具有特异氨基酸变异。

Note：Red rectangle indicates Bactrian camel's unique amino acid change with R261C.

表 5-4　双峰驼基因组特异氨基酸变异基因的 GO 富集结果

Table 5-4　GO enrichment of unique amino acid residues changed

gene in Bactrian camel genome

GO 编号 GO ID	描述 Description	分类 Taxonomy	P 值 P-value	基因数量 Number of genes
GO：0006468	protein phosphorylation	BP	3.6e-06	25
GO：0004672	protein kinase activity	MF	1.18e-05	24
GO：0003824	catalytic activity	MF	1.62e-05	111
GO：0016772	transferase activity, transferring phosphorus-containing groups	MF	2.7e-05	30
GO：0016740	transferase activity	MF	3.15e-05	44
GO：0016773	phosphotransferase activity, alcohol group as acceptor	MF	4.8e-05	26
GO：0004674	protein serine/threonine kinase activity	MF	5.33e-05	22
GO：0016301	kinase activity	MF	6.3e-05	26

（续表）

GO 编号 GO ID	描述 Description	分类 Taxonomy	P 值 P-value	基因数量 Number of genes
GO：0005524	ATP binding	MF	0.00013	39
GO：0006796	phosphate-containing compound metabolic process	BP	0.0002	26
GO：0043412	macromolecule modification	BP	0.0003	32
GO：0006464	protein modification process	BP	0.0003	31
GO：0000221	vacuolar proton-transporting V-type ATPase, V1 domain	CC	0.0004	2
GO：0036094	small molecule binding	MF	0.0005	50

为了进一步了解单峰驼基因组中含有特异氨基酸变异基因的功能，对这些基因进行 GO 功能富集分析，共获得 14 个 GO 富集结果（表 5-5）。这些结果其中包括，肽基转移酶修饰（GO：0018202）、蛋白激酶活性（GO：0004672）、蛋白磷酸化（GO：0006468）、ATP 结合（GO：0005524）、催化活性（GO：0003824）、丝氨酸/苏氨酸蛋白激酶（GO：0004674）、磷酸复合物代谢活性（GO：0006796）、小分子结合（GO：0036094）、小分子代谢过程（GO：0044281）、醇基团受体的磷酸转移酶活性（GO：0016773）、蛋白酪氨酸激酶活性（GO：0004713）、肽酰氨基酸修饰（GO：0018193）、三磷酸嘌呤核苷结合（GO：0035639）和核酸结合（GO：0000166）等条目。从该结果可以看出，单峰驼基因组中含有特异氨基酸变异基因的主要功能是参与蛋白修饰、蛋白酶激活、ATP 结合、核酸结合、磷酸代谢等生物催化反应。

表 5-5　单峰驼基因组特异氨基酸变异的 GO 富集结果

Table 5-5　GO enrichment of unique amino acid residues changed
gene in dromedary genome

GO 编号 GO ID	描述 Description	分类 Taxonomy	P 值 P-value	基因数量 Number of genes
GO：0018202	peptidyl-histidine modification	BP	0.0 001	3
GO：0004672	protein kinase activity	MF	0.00 013	21

（续表）

GO 编号 GO ID	描述 Description	分类 Taxonomy	P 值 P-value	基因数量 Number of genes
GO：0006468	protein phosphorylation	BP	0.0 001	21
GO：0005524	ATP binding	MF	0.0 003	37
GO：0003824	catalytic activity	MF	0.0 003	105
GO：0004674	protein serine/threonine kinase activity	MF	0.00 033	19
GO：0006796	phosphate-containing compound metabolic process	BP	0.0 006	24
GO：0036094	small molecule binding	MF	0.0 007	47
GO：0044281	small molecule metabolic process	BP	0.0 007	22
GO：0016773	phosphotransferase activity, alcohol group as acceptor	MF	0.0 008	22
GO：0004713	protein tyrosine kinase activity	MF	0.0 009	8
GO：0018193	peptidyl-amino acid modification	BP	0.001	4
GO：0035639	purine ribonucleoside triphosphate binding	MF	0.001	42
GO：0000166	nucleotide binding	MF	0.001	44

5.2.4　基因获得和缺失结果

本试验对双峰驼和单峰驼基因组的基因获得和缺失情况进行分析，其中鉴定出 190 个双峰驼获得基因和 126 个单峰驼获得基因（表 5-6）。对这些基因进行富集分析，双峰驼获得的基因主要位于气味感受（GO：0007608）、嗅觉受体活性（GO：0004984）、免疫应答（GO：0006955）、趋化因子活性（GO：0008009）、细胞因子受体结合（GO：0005126）、G 蛋白耦联受体蛋白信号通路（GO：0007186）、负调节巨核细胞分化（GO：0045653）、锌离子结合（GO：0008270）、抗原加工与呈递（GO：0019882）、味觉的感受（GO：0050909）条目上。从该结果可以看出，双峰驼获得基因的功能主要在嗅觉、免疫、细胞信号转导和味觉等方面。

单峰驼获得基因富集于味觉的感受（GO：0007608）、嗅觉受体活性（GO：0004984）、肌动蛋白单体螯合（GO：0042989）、信息素应答（GO：0019236）、信息素受体活性（GO：0016503）、同种抗原细胞黏附（GO：0007156）、细胞色素 C 氧化酶活性（GO：0004129）、抗原结合（GO：0003823）、

表 5-6　双峰驼基因组的基因获得的 GO 富集结果（前 10 个条目）

Table 5-6　Gene gain in the Bactrian camel genomes（Top 10 GO terms）

GO 编号 GO ID	描述 Description	P 值 P-value
GO：0007608	Sensory perception of smell	0
GO：0004984	Olfactory receptor activity	0
GO：0006955	Immune response	0
GO：0008009	Chemokine activity	2.69E-13
GO：0005126	Cytokine receptor binding	4.40E-13
GO：0007186	G-protein coupled receptor protein signaling pathway	2.80E-12
GO：0045653	Negative regulation of megakaryocyte differentiation	4.84E-12
GO：0008270	Zinc ion binding	2.35E-11
GO：0019882	Antigen processing and presentation	3.02E-11
GO：0050909	Sensory perception of taste	1.07E-06

细胞对活性氧的应答（GO：0034614）、NEDD8 连接酶活性（GO：0019788）条目上。从该结果可以看出，单峰驼获得基因的功能主要在嗅觉、味觉、信息素应答、免疫、抗氧化等方面（表 5-7）。

表 5-7　单峰驼基因组的基因获得的 GO 富集结果（前 10 个条目）

Table 5-7　Gene gained in the dromedary genomes（Top 10 GO terms）

GO 编号 GO ID	描述 Description	P 值 P-value
GO：0007608	Sensory perception of smell	0
GO：0004984	Olfactory receptor activity	0
GO：0042989	Sequestering of actin monomers	1.51e-05
GO：0019236	Response to pheromone	3.32e-05
GO：0016503	Pheromone receptor activity	3.32e-05
GO：0007156	Homophilic cell adhesion	3.49e-05
GO：0004129	Cytochrome-c oxidase activity	1.14E-04
GO：0003823	Antigen binding	3.00E-04
GO：0034614	Cellular response to reactive oxygen species	3.16E-04
GO：0019788	NEDD8 ligase activity	3.16E-04

5.2.5　快速进化基因结果

对双峰驼、单峰驼、羊驼和牛的基因进行快速进化分析，结果详见附表 3 至表 14。

相对于牛，双峰驼基因组中发生快速进化的基因富集于 142 个 GO 条目（附表 3）。其中包括刺激应答（GO：0006950）、蛋白质稳定（GO：0050821）、免疫相关（GO：0051607；GO：0006955）；能量代谢（GO：0006112）、细胞氧化稳态（GO：0045454）、激素活性（GO：0005179）、脂代谢（GO：0019432）、胰岛素相关（GO：0050796；GO：0032869；GO：0008286）、离子转运（GO：0006814）、脂肪细胞分化（GO：0045444）、糖刺激应答（GO：0009749）等方面。该结果表明，与牛相比，双峰驼可能在刺激应答、胰岛素及糖相关代谢、脂类和能量代谢、离子代谢等方面得到增强。

相对于牛，单峰驼基因组中发生快速进化的基因富集于 159 个条目（附表 4）。其中包括，能量相关代谢（GO：0006112）、免疫相关（GO：0051607；GO：0045087；GO：0042102；GO：0006955）、DNA 损伤应答（GO：0006974）、细胞的胰岛素相关代谢（GO：0050796；GO：0032869；GO：0008286）、离子代谢（GO：0006814）、脂肪细胞分化（GO：0045444）、氧化还原（GO：0055114）、脂类相关代谢（GO：0044255）等方面。该结果表明，与牛相比，单峰驼可能在能量代谢、免疫、离子代谢、脂肪和胰岛素等方面得到增强。

相对于牛，羊驼基因组中发生快速进化的基因富集于 87 个 GO 条目（附表 5）。其中包括免疫（GO：0071222；GO：0051607）、离子代谢（GO：0006812；GO：0006814；GO：0006813）、氧化还原相关（GO：0045454）、胰岛素相关（GO：0032869；GO：0008286）、脂类相关（GO：0006644）、糖代谢及稳态（GO：0009749；GO：0042593）、应激（GO：0031072）等方面。该结果表明，与牛相比，羊驼可能在免疫、离子代谢、氧化稳态、脂类和糖代谢、应激等方面得到增强。

　　相对于羊驼，双峰驼基因组中发生快速进化的基因富集于164个GO条目（附表6）。其中包括脂代谢相关进程（GO：0008203；GO：0006631；GO：0044255；GO：0006869）、抗应激（GO：0006950）、刺激应答（GO：0050896）、免疫相关（GO：0051607；GO：0042742；GO：0009615）、ATP和线粒体相关（GO：0006200；GO：0005524；GO：0016887；GO：0005739）、胰岛素刺激应答（GO：0032868）、离子通道（GO：0008076）等方面。该结果表明，与羊驼相比，双峰驼可能在脂代谢、抗应激、免疫、能量、离子代谢等方面得到增强。

　　相对于羊驼，单峰驼基因组中发生快速进化的基因富集于162个条目（附表7）。其中包括免疫相关（GO：0007156）、离子通道活性（GO：0005254；GO：0006816；GO：0006813）、氧化还原酶活性（GO：0016491）、胰岛素相关（GO：0050796；GO：0032868）、脂类相关代谢（GO：0006631；GO：0044255；GO：0006869；GO：0006629）等方面。该结果表明，与羊驼相比，单峰驼可能在离子代谢、氧化还原、胰岛素代谢和脂类代谢等方面得到增强。

　　相对于单峰驼，双峰驼基因组中发生快速进化的基因富集于132个GO条目（附表8）。其中包括胆固醇相关代谢（GO：0008203；GO：0042632）、免疫相关（GO：0071222）、氧化稳态相关（GO：0042542；GO：0045454）、激素应答（GO：0009725）、脂相关代谢（GO：0019432；GO：0016042；GO：0006631；GO：0044255）、离子转运（GO：0006811）、脂肪细胞分化（GO：0045444）、胰岛素代谢（GO：0008286）等方面。该结果表明，与单峰驼相比，双峰驼可能在刺激应答、胰岛素及糖相关代谢、脂类和能量代谢、离子代谢等方面得到增强。

　　此外，本试验还得到4个物种慢速进化基因。其中相对于牛，双峰驼、单峰驼和羊驼基因组中发生慢速进化的基因分别富集于29个、21个和9个GO条目（附表9~11）。相对于羊驼，双峰驼和单峰驼基因组中发生慢速进化的基因分别富集于35个和38个GO条目（附表12~13）。相对于单峰驼，双峰驼基因组中发生慢速进化的基因富集于19个GO条目（附表14）。

5.3　讨论

5.3.1　骆驼能量代谢

　　能量对于生活在食物匮乏沙漠中的骆驼而言是十分重要的，不同数量的驼峰是双峰驼、单峰驼和羊驼 3 个骆驼科动物最典型的特征之一。因此，本试验分析了这 3 个动物基因组中涉及脂肪和能量的基因。与没有驼峰的羊驼相比，双峰驼和单峰驼基因组中发生快速进化的基因在 ATP（GO：0006200；GO：0016887；GO：0042626）、线 粒 体（GO：0005739；GO：0005759）、脂转运（GO：0006869）、胰岛素刺激应答（GO：0032868）上发生富集。与单峰驼相比，双峰驼基因组中发生快速进化的基因在脂肪细胞分化（GO：0045444）、碳水化合物（GO：0005975）、能量（GO：0006091）、胰岛素（GO：0032869；GO：0008286）和脂肪代谢（GO：0006631；GO：0044255；GO：0019432；GO：0016042；GO：0042632；GO：0008203；GO：0046474）上发生富集。双峰驼基因组中含有特异氨基酸变异的基因富集于 ATP 结合（GO：0005524）和液泡质子转运 V 型 ATP 酶（GO：0000221），单峰驼含有特异氨基酸变异的基因富集于 ATP 结合（GO：0005524）。此外，在双峰驼基因组上，与脂肪代谢相关的 *ACC*、*DGK* 和 *GDPD*4 发生扩张。单峰驼基因组上，扩张的基因富集于线粒体（GO：0005739）上。而双峰驼和单峰驼基因组上很多正选择基因与脂肪和能量代谢有关，如 *LPPR*1、*SLC*10A1、*SLC*10A4 等。所有这些基因可能增强了骆驼对能量的产生和储存，并且这也可能反映了具有不同驼峰的双峰驼、单峰驼和羊驼脂肪代谢能力的不同。

5.3.2　骆驼应激能力

　　为研究骆驼对干旱应激的适应，对骆驼基因组上和应激应答相关的基因进行了分析。与牛相比，双峰驼和单峰驼基因组中发生快速进化的基因在 DNA 损伤修复（GO：0006974；GO：0003684；GO：0006302）、凋亡（GO：0006917；GO：0043066）、蛋白稳定（GO：0050821）上发生富集。与羊驼相比，双峰驼和单峰驼基因组中发生快速进化的基因在氧化还原进程（GO：0055114）、氧化还原酶活性（GO：0016491）上发生富集。与单峰驼相比，双峰驼基因组中发生快速进化的基因在过氧化氢应答（GO：0042542）、细胞氧化还原稳态（GO：0045454）上发生富集。双峰驼基因组中扩张的基因家族在蛋白多聚化（GO：0051258）上富集。单峰驼基因组中扩张的基因家族在细胞色素 C 氧化酶活性（GO：0004129）、氢离子跨膜转运活性（GO：0015078）、单加氧酶活性（GO：0004497）、蛋白折叠（GO：0006457）、前折叠素复合物（GO：0016272）上富集。骆驼基因组上与抗氧化相关的正选择基因有 PRDX3、HSPA9、PRDX4 等。相对于双峰驼，单峰驼获得的基因在细胞色素 C 氧化酶活性（GO：0004129）、细胞对活性氧的应答（GO：0034614）上富集。双峰驼和单峰驼的参与氧化应激应答的 ERP44、NFE2L2 和 MGST2 的 3 个具有特异氨基酸变异位点。综上所述，适应性进化产生的遗传基础可以使骆驼能够承受由于恶劣的干旱条件导致的应激产生的损伤。

5.3.3　骆驼对沙尘和日照的适应性

沙尘可以引起各种呼吸道疾病，如哮喘等。骆驼对于沙尘环境有较好的适应能力。与人类呼吸疾病相关的 FOXP3、CX3CR1、CYSLTR2 和 SEMA4A 等在双峰驼和单峰驼上呈正选择。与羊驼相比，双峰驼和单峰驼的快速进化基因在肺发育（GO：0030324）上富集。

骆驼的眼对于强烈的沙漠日照具有很好的适应性。与光感受、视觉保护相关的 OPN1SW、CX3CR1、CNTFR 等基因在双峰驼和单峰驼基因组上受到正选择。此外，与羊驼相比，双峰驼和单峰驼的快速进化基因在视觉感知（GO：0007601）上发生富集。与单峰驼相比，双峰驼的快速进化基因在眼部发育（GO：0060041；GO：0043010）上发生富集。

以上分析表明，这些基因的进化使骆驼能够对沙漠中频繁的沙尘和强烈的日照辐射具有适应性。

5.3.4　骆驼对缺水的适应性

在长期限水条件下，骆驼具有极好的适应性。与牛相比，双峰驼和单峰驼的快速进化基因在钠离子转运（GO：0006814）上发生富集。与羊驼相比，双峰驼和单峰驼的快速进化基因在电压门控钾离子通道复合物（GO：0008076）上发生富集。与单峰驼相比，双峰驼的快速进化基因在肾脏发育（GO：0001822）和离子转运（GO：0006811）上发生富集。作为离子通道蛋白的 *SLC9A8*、*KCNG*1 等基因在双峰驼和单峰驼基因组上受到正选择。双峰驼 AQP4 蛋白在 R261C 具有特异氨基酸变异。本试验发现，*NR3C*2 和 *IRS*1 在双峰驼的基因组中各有两个拷贝，而在其他动物基因组中只有一个拷贝。*NR3C*2 和 *IRS*1 对于肾脏盐的重吸收和水平衡具有重要作用[224-226]。这些基因可能提升了骆驼对于离子转运与代谢的能力，从而有利于骆驼在长期缺水的环境下保持水分。

5.4　本章小结

通过比较基因组学分析，获得了骆驼大量受进化选择的基因。这些进化的基因通过基因家族收缩扩张分析、正选择、特异氨基酸变异、基因获得和缺失、基因快速进化等进化方式，使骆驼对食物匮乏、氧化应激、频繁的沙尘、强烈的日照、长期限水的恶劣沙漠环境产生适应性进化。

第6章

双峰驼肾脏的转录组分析

转录组是指在一定的发育阶段及其环境条件下，一个细胞中全部转录产物的数量和种类的结合[227]。在不考虑突变的情况下，对于给定的基因组，其基因的数量基本是不变的。然而，与基因组不同的是，转录组所包含的基因种类及其各自的表达量可以随外部环境条件而有所转变。转录组包括了所在细胞里的全部 mRNA 的转录，它反映了在任何给定时间和特定环境下活跃表达的基因。对转录组的理解有助于帮助我们揭示基因组的功能元件、细胞和组织的分子组分，加深我们对于发育和疾病的认识。随着测序技术的发展，利用新一代高通量测序技术能够全面快速地获得某一物种特定组织或器官在某一状态下的几乎所有转录本序列信息。骆驼作为典型的沙漠动物，具有非常强大的水分保持能力。而在水分保持的各个代谢环节中，肾脏无疑起到了至关重要的角色。通过对正常和限水期两个不同时期的骆驼肾脏组织进行转录组测序，有利于了解骆驼在水缺乏的条件下肾脏转录的基因种类及其数量，揭示骆驼肾脏保水能力的遗传学基础。

6.1 材料与方法

6.1.1 试验材料及试验处理

所有的 RNA 样品来自 8 峰雌性阿拉善双峰驼的肾皮质和肾髓质。这些骆驼年龄为 6~8 岁，平均体重是 350 kg。随机选择 4 头作为对照组（Control group，CG），其余的作为限水组（Water restriction，WR）。所有试验骆驼饲喂不含水分的干草，并允许自由采食。禁水组骆驼禁水处理 24d，而对照组骆驼可以自由饮水。将来自相同处理和相同组织的总 RNA 等量混合为一个 RNA 池（pool）。

6.1.2　RNA 提取及检测

总 RNA 提取和 DNase I 处理后，RNase free water 溶解样品，将样品在冰上融化后，离心并充分混匀，取 1μL 样品在 70℃变性 2 min 后，采用 Agilent 2100 对 RNA 样品浓度、片段大小、RIN 和 28S∶18S 进行检测。

6.1.3　RNA 样品处理与测序

肾脏样品提取总 RNA 后，利用 Oligo（dT）磁珠对 mRNA 进行富集。向富集的 mRNA 中加入片段化缓冲液，将 mRNA 进行片段化处理。以片段化后的 mRNA 作为模板，合成 cDNA 片段。对获得的 cDNA 片段进行纯化，并使用 EB 缓冲液洗脱，进行末端修复、加碱基 A。对获得的短片段加测序接头。使用琼脂糖凝胶电泳回收目的大小片段，并进行 PCR 扩增，完成文库制备工作。采用 Agilent 2100 Bioanalyzer 和 ABI StepOnePlus Real－time PCR system 对构建好的转录组测序文库进行数量和质量的检验，检验合格的文库用 Illumina HiSeq 2000 进行测序（图 6-1）。

6.1.4　转录组数据过滤

由 Illumina HiSeq 2000 测序所得的数据称为原始测序序列（Raw reads）或原始数据（Raw data）。在转录组测序的原始测序数据中，含有一些带有接头序列的原始序列和少量的低质量序列。因此，在进行转录组分析之前要对原始测序序列进行质控，去除杂质数据，以确定测序数据是否适用于后续分析。数据过滤的步骤包括：

（1）去除含接头序列的测序短序列；

（2）去除序列中含未确定碱基的比例大于 5% 的测序序列；

（3）去除低质量的测序短序列。这里设定，测序短序列中，质量值

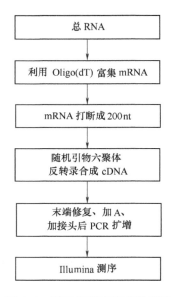

图 6-1 转录组测序的实验步骤

Fig. 6-1　Experimental procedure of transcriptome sequencing

Q≤10 的碱基数占整个测序序列 30% 以上的测序短序列为低质量的测序短序列。

采用上述标准进行质控，对不合格短序列进行过滤，得到处理后肾皮质和肾髓质的转录组数据。使用 SOAP2[228] 将处理后转录组数据分别比对到双峰驼基因组和双峰驼的基因序列上。比对完，通过统计短序列在参考序列上的分布情况，判断比对结果是否通过第二次序列比对质控（QC of alignment）。若通过，则进行基因表达注释等后续分析。

6.1.5　基因表达水平计算

使用 RPKM（Reads per kilobase per million mapped reads）[229] 作为衡量基因表达水平高低的标准。使用 Tophat[230] 软件将转录组测序短序列定位到基因组上，并使用 Perl 脚本对定位的测序短序列进行分析。为了减少不同样品间 RNA 产量的影响，对总的测序短序列乘以一个标准化系数进行标准化处理[231]。

6.1.6　差异表达基因筛选

Chen 等[232]提出了检测基因差异表达方法，该方法提出根据泊松分布（Poisson distribution）[233]、基因不同长度的因素，对不同样品间 RNA 产量和测序深度差异进行标准化。使用 Chen 等[232]的方法筛选双峰驼肾脏转录组差异表达的基因。

6.1.7　差异表达基因的 GO 功能显著性富集分析

选择差异表达的基因进行基因本体论（Gene ontology）[186]注释，通过 GO 功能显著性富集分析能确定差异表达基因行使的主要生物学功能。GO 功能显著性富集分析给出与基因组背景相比，在差异表达基因中显著富集的GO 功能条目，从而给出差异表达基因与哪些生物学功能显著相关。该分析首先把所有差异表达基因向 Gene ontology 数据库（http：//www. geneontology. org/）的各个条目（term）映射，计算每个条目的基因数目，然后应用超几何检验（公式4），找出与整个基因组背景相比，在差异表达基因中显著富集的 GO 条目。

$$P = 1 - \sum_{i=0}^{m-1} \frac{\binom{M}{i}\binom{N-M}{n-i}}{\binom{N}{n}} \tag{4}$$

式中，N 为所有基因中具有 GO 注释的基因数目；n 为 N 中差异表达基因的数目；M 为所有基因中注释为某特定 GO 条目的基因数目；m 为注释为某特定 GO 条目的差异表达基因数目。计算得到的 P 值通过 Bonferroni[234]校正之后，以校正 $P \leqslant 0.05$ 为阈值，满足此条件的 GO 条目定义为在差异表达基因中显著富集的 GO 条目。

6.1.8　差异表达基因的通路显著性富集分析

在生物体内，不同基因相互协调行使其生物学功能。基于通路的分析有助于更进一步了解基因的生物学功能，确定差异表达基因参与的最主要生化代谢途径和信号转导途径。KEGG[235]是代谢通路数据库。通路显著性富集分析以 KEGG 通路为单位，应用超几何检验，找出与整个基因组背景相比，在差异表达基因中显著性富集的通路。计算公式同 GO 功能显著性富集分析，这里 N 为所有基因中具有通路注释的基因数目；n 为 N 中差异表达基因的数目；M 为所有基因中注释为某特定通路的基因数目；m 为注释为某特定通路的差异表达基因数目。假阳性率（False discovery rate，FDR）小于等于 0.05 的通路定义为在差异表达基因中显著富集的通路。

6.2 结果与分析

6.2.1 RNA 提取检测结果

从表6-1中可以看出，4 个组织样品所提取的 RNA 浓度大于 65 ng/μL，总量大于 10 μg，RIN≥7.0，28S/18S≥1.0。4 个组织 RNA 样品检测图谱基线无上抬；5S 峰正常，这表明 RNA 提取效果良好，适合进行 RNA 建库测序（图 6-2 至图 6-5）。

表 6-1　RNA 样本检测信息

Table 6-1　The tested information of RNA samples

样品名称 Sample	浓度 Concentration（ng/μL）	体积 Volume（μL）	总量 Total（μg）	RIN	28S : 18S
对照组肾皮质	1 810.0	28	50.68	7.9	1.2
对照组肾髓质	924.0	25	23.1	9	1.6
限水组肾皮质	1 115.0	55	61.325	8.4	1.3
限水组肾髓质	1 350.0	40	54	8.1	1.5

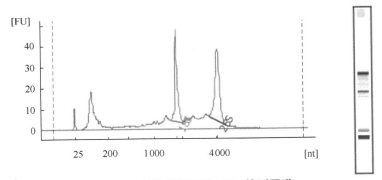

图 6-2　对照组肾皮质 RNA 检测图谱

Fig. 6-2　RNA tested map of renal cortex in the control group

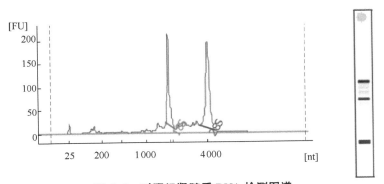

图 6-3　对照组肾髓质 RNA 检测图谱

Fig. 6-3　RNA tested map of renal medulla in the control group

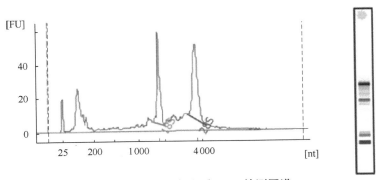

图 6-4　限水组肾皮质 RNA 检测图谱

Fig. 6-4　RNA tested map of renal cortex in the water restricted group

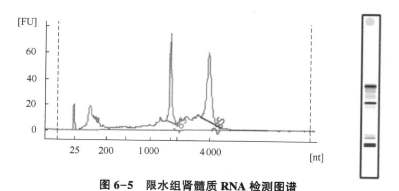

图 6-5　限水组肾髓质 RNA 检测图谱

Fig. 6-5　RNA tested map of renal medulla in the water restricted group

6.2.2　转录组测序的碱基组成和碱基质量分析结果

通过分析碱基的组成和质量值分布可以控制原始数据的质量。因此，本试验对 4 个组织转录组的碱基组成进行分析。从图 6-6 至图 6-9 可以看出，4 个组织各自的 A、T 曲线基本重合，各自的 G、C 曲线基本重合，测

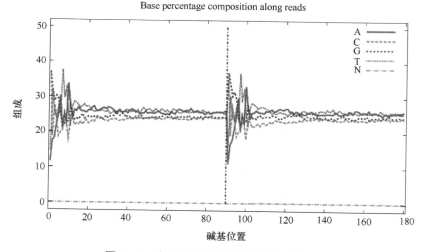

图 6-6　对照组肾皮质测序碱基组成情况

Fig. 6-6　Base composition analysis of renal cortex in the control group

注：X 轴上，1~90bp 代表序列 1 的碱基位置，91~180bp 代表序列 2 的碱基位置。

Note：On the X axis, position 1~90bp represents read 1, and 91~180bp represents read 2.

序碱基组成平衡，符合质量要求。从图 6-10 至图 6-13 可以看出，低质量（<20）的碱基比例较低，说明该转录组的测序质量比较好，符合质量要求。

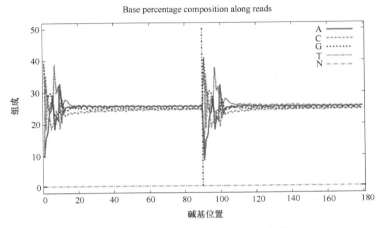

图 6-7　对照组肾髓质测序碱基组成情况

Fig. 6-7　Base composition analysis of renal medulla in the control group

注：X 轴上，1~90bp 代表序列 1 的碱基位置，91~180bp 代表序列 2 的碱基位置。

Note：On the X axis, position 1~90bp represents read 1, and 91~180bp represents read 2.

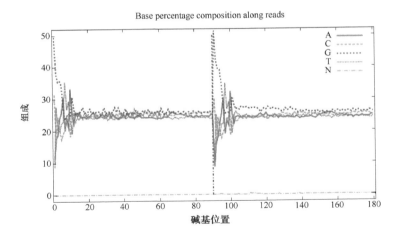

图 6-8　限水组肾皮质测序碱基组成情况

Fig. 6-8　Base composition analysis of renal cortex in the water restricted group

注：X 轴上，1~90bp 代表序列 1 的碱基位置，91~180bp 代表序列 2 的碱基位置。

Note：On the X axis, position 1~90bp represents read 1, and 91~180bp represents read 2.

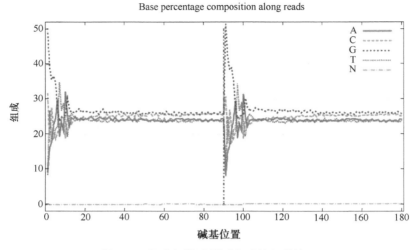

图 6-9　限水组肾髓质测序碱基组成情况

Fig. 6-9　Base composition analysis of renal medulla in the water restricted group

注：X 轴上，1～90bp 代表序列 1 的碱基位置，91～180bp 代表序列 2 的碱基位置。

Note：On the X axis，position 1～90bp represents read 1，and 91～180bp represents read 2.

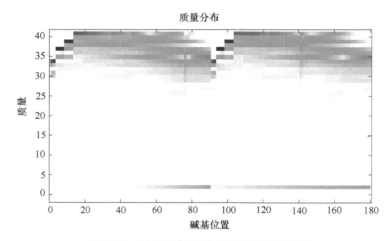

图 6-10　对照组肾皮质测序碱基质量情况

Fig. 6-10　Base sequence quality of renal cortex in the control group

注：横坐标是分布在 read 上碱基的位置，纵坐标代表碱基的质量。图中的每个点表示某条序列中相应位置的碱基质量值。

Note：Horizontal axis is positions along reads，vertical axis is quality value. Each dot in the image represents the quality value of the corresponding position along reads.

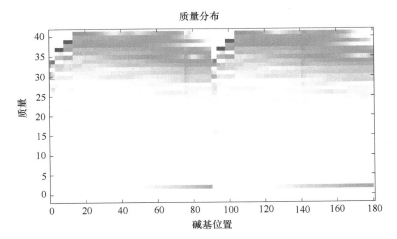

图 6-11　对照组肾髓质测序碱基质量情况

Fig. 6-11　Base sequence quality of renal medulla in the control group

注：横坐标是分布在 read 上碱基的位置，纵坐标代表碱基的质量。图中的每个点表示某条序列中相应位置的碱基质量值。

Note：Horizontal axis is positions along reads, vertical axis is quality value. Each dot in the image represents the quality value of the corresponding position along reads.

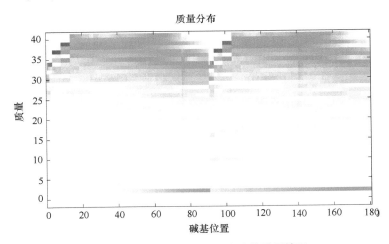

图 6-12　限水组肾皮质测序碱基质量情况

Fig. 6-12　Base sequence quality of renal cortex in the water restricted group

注：横坐标是分布在 read 上碱基的位置，纵坐标代表碱基的质量。图中的每个点表示某条序列中相应位置的碱基质量值。

Note：Horizontal axis is positions along reads, vertical axis is quality value. Each dot in the image represents the quality value of the corresponding position along reads.

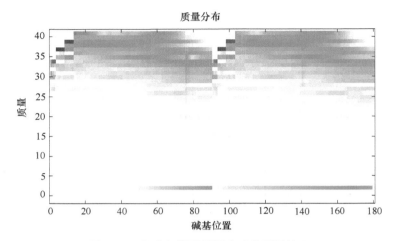

图 6-13　限水组肾髓质测序碱基质量情况

Fig. 6-13　Base sequence quality of renal medulla in the control group

注：横坐标是分布在 read 上碱基的位置，纵坐标代表碱基的质量。图中的每个点表示某条序列中相应位置的碱基质量值。

Note：Horizontal axis is positions along reads, vertical axis is quality value. Each dot in the image represents the quality value of the corresponding position along reads.

6.2.3　双峰驼肾脏转录组基本分析结果

通过对照组肾皮质、对照组肾髓质、限水组肾皮质和限水组肾髓质的转录组测序，分别获得了 4.4 Gb、4.6 Gb、4.8 Gb 和 4.8 Gb 的转录组数据，其基因组的定位比例分别达到了 79.51%、80.58%、77.19% 和 80.00%，定位比例高，符合后续分析要求（表 6-2）。

表 6-2　对照组和限水组的转录组测序数据统计

Table 6-2　Transcriptome sequencing data statistics for control group（CG）

and water restriction（WR）

	总读长 Total reads（M）	总碱基 Total base（Gb）	定位读长 Map reads（M）	定位比例 Map ratio（%）
肾皮质（CG）	49.3	4.4	39.2	79.51
肾髓质（CG）	51.2	4.6	41.2	80.58
肾皮质（WR）	53.5	4.8	41.3	77.19
肾髓质（WR）	53.0	4.8	42.4	80.00

6.2.4 双峰驼肾脏转录组基因表达注释结果

使用对照组肾皮质、对照组肾髓质、限水组肾皮质和限水组肾髓质的转录组数据进行基因表达注释（表6-3）。结果表明，对照组肾皮质、对照组肾髓质、限水组肾皮质和限水组肾髓质分别有 13 990 个、16 163 个、15 530 个和 15 656 个转录表达的基因。同时，获得了这 4 个组织中基因唯一比对序列数、基因覆盖度、表达量（RPKM）等信息。

表6-3 对照组肾皮质基因表达注释结果

Table 6-3 The annotated results of gene expression

基因编号 Gene ID	唯一比对序列数 Unique reads number	基因长度 Gene length	基因覆盖度 Coverage（%）	表达量 RPKM
Ala_ bactrian_ 03419	206232	1 389	99.93	11 989.63
Ala_ bactrian_ 12798	200550	714	99.86	22 681.75
Ala_ bactrian_ 03498	111049	798	98.62	11 237.35
Ala_ bactrian_ 08113	108180	429	99.77	20 363
Ala_ bactrian_ 06988	84785	456	98.68	15 014.34

注：这里只取其中一部分作为示例。

Note：Here only takea part as an example.

6.2.5 双峰驼肾脏转录组基因差异表达分析结果

对不同处理相同组织的转录组数据进行差异表达分析。肾皮质、肾髓质中FDR≤0.001且倍数差异在 2 倍及以上有差异地表达的基因分别为 7 186 个和 4 512 个（表6-4）。

表6-4 肾髓质基因差异表达结果

Table 6-4 The results of gene different expression in renal medulla

基因编号 Gene ID	对照组肾髓质表达量 Renal medulla CG-RPKM	限水组肾髓质表达量 Renal medulla WR-RPKM	Log2 比值 log2 ratio	P 值 P value	FDR 值 FDR
Ala_ bactrian_ 00001	29.87 949	10.45 917	−1.51 439	5.52E-98	6.87E-97
Ala_ bactrian_ 00006	27.06 468	54.134	1.000 124	2.07E-43	1.19E-42

（续表）

基因编号 Gene ID	对照组肾髓质表达量 Renal medulla CG-RPKM	限水组肾髓质表达量 Renal medulla WR-RPKM	Log2 比值 log2 ratio	P 值 P value	FDR 值 FDR
Ala_ bactrian_ 00008	10. 80 571	26. 91 048	1. 316 375	9.41E-26	3. 75E-25
Ala_ bactrian_ 00009	7. 187 867	1. 759 064	−2.03 076	9.73E-13	2. 62E-12
Ala_ bactrian_ 00017	47. 53 259	17. 22 946	−1. 46 404	1.07E-208	3. 14E-207
Ala_ bactrian_ 00022	5. 499 403	2. 016 332	−1. 44 754	6.01E-19	1. 99E-18
Ala_ bactrian_ 00024	22. 37 089	10. 90 416	−1. 03 674	4.77E-54	3. 28E-53

注 1：这里只取其中一部分作为示例。

注 2：Log2 比值，log2 ratio（限水组肾髓质表达量/对照组肾髓质表达量）；FDR，假阳性率。

Note 1：Here only take a part as an example.

Note 2：log2 ratio（Renal medulla WR-RPKM/Renal medulla CG-RPKM）；FDR：False discovery rate.

考虑到水孔蛋白在水分重新收中的作用，对不同供水条件下，骆驼肾皮质和肾髓质水孔蛋白家族的基因表达情况（附表 15）进行了分析，对肾髓质参与渗透调节基因的表达情况（附表 16）进行了分析。此外，鉴于高渗对细胞的损伤，对抗氧化剂和相关酶、抗氧化转录因子、热休克基因、丛生蛋白基因的表达情况（附表 17）进行了研究。

6.2.6 双峰驼肾脏转录组差异表达基因的 GO 分析结果

对双峰驼肾脏转录组差异表达基因进行的 GO 富集分析，肾皮质上调的差异表达基因富集于 399 个 GO 条目中（附表 18），其中有各种细胞连接方式（GO：0030054；GO：0070161；GO：0005912；GO：0005911 等）、细胞基底膜连接（GO：0030055）和体液水平调节（GO：0050878）等和水分保持相关的 GO 条目。此外，还有物质转运（GO：0031410；GO：0016192；GO：0006897 等）、离子代谢（GO：0043167；GO：0046872；GO：0043169；GO：0008270；GO：0046914）、应激和细胞应答反应（GO：0048583；GO：0048585；GO：0048584；GO：0001666 等）、细胞代谢（GO：0019222；GO：0080090；GO：0009889 等）、形态发生（GO：0001655；GO：0072001；GO：0001822；GO：0072006）等条目。

肾皮质下调的差异表达基因富集于 206 个 GO 条目中（附表 19），其中包括能量相关（GO：0005739；GO：0070469；GO：0022900；GO：0015980；GO：0006091 等）、离子转运（GO：0015078）、应激（GO：0031072；GO：0006974；GO：0006457 等）、转录翻译（GO：0010467；GO：0006412；GO：0006415 等）、细胞周期调控（GO：0007093；GO：0071779；GO：0051329 等）等条目。

肾髓质上调的差异表达基因富集于 44 个 GO 条目中（附表 20），其中包括能量相关（GO：0005739；GO：0006006；GO：0005996；GO：0019318；GO：0006094；GO：0046364；GO：0006091；GO：0019319 等）、物质转运（GO：0015078）、应激（GO：0036293；GO：0070482；GO：0001666；GO：0006950；GO：0031667 等）、形态发生（GO：0048856；GO：0048513；GO：0009653 等）和细胞代谢（GO：0048523；GO：0031324；GO：0009892）等条目。

肾髓质下调的差异表达基因富集于 72 个 GO 条目中（附表 21），其中包括细胞代谢（GO：0080090；GO：0019222；GO：0009889 等）、细胞器（GO：0005813；GO：0005929；GO：0005856 等）、细胞应答（GO：0004674；GO：0004672；GO：0016301）、物质结合（GO：0043167；GO：0008270；GO：0005524 等）等条目。

6.2.7 双峰驼肾脏转录组差异表达基因的通路富集分析结果

对肾皮质差异表达基因进行通路显著性富集分析，得到 48 条差异表达的基因通路（附表 22），其中胰岛素信号通路（ko04910）、焦点粘连（ko04510）、醛固酮调节的盐重吸收通路（ko04960）、血管平滑肌收缩（ko04270）等与水分重吸收相关的通路差异表达。

对肾髓质差异表达基因进行通路显著性富集分析，得到 15 条差异表达的基因通路（附表 23），其中血管平滑肌收缩（ko04270）、紧密连接（ko04530）、醛固酮调节的盐重吸收通路（ko04960）等与水分重吸收相关的通路差异表达。

为进一步研究盐、水和糖代谢之间的关系，对骆驼肾皮质和肾髓质中醛固酮调节的盐重吸收通路（附表 24~25）和肾髓质糖酵解和糖异生通路（附表 26）的详细表达情况进行了分析。

6.3　讨论

6.3.1　骆驼肾脏钠重吸收相关基因的转录特点

钠在肾尿液渗透压的调节、尿液浓缩的过程中起了关键的调节作用[236]。在钠的重吸收过程，钠钾 ATP 酶（$Na^+/K^+-ATPase$）和表皮钠离子通道（Epithelial Na^+ Channel，ENaC）是醛固酮和胰岛素调节钠重吸收的最终效应蛋白[226]。肾小管中的钠离子通过位于肾小管上皮细胞顶膜上的表皮钠离子通道转移到肾小管上皮细胞内，再通过位于肾小管上皮细胞基底膜的钠钾 ATP 酶转移到肾间质中，并通过进一步的重吸收进入血管。在这个过程中，由于钠的重吸收引起肾小管中尿液渗透压降低，水分随着钠的重吸收而进入机体。因此，本试验对醛固酮调节的钠重吸收通路上相关基因表达情况进行了分析（KEGG pathway：map04960）。在限水骆驼的肾皮质和肾髓质中，钠钾 ATP 酶和表皮钠离子通道上调表达，表明在限水处理中，骆驼的肾脏对钠的重吸收增强。

作为重吸收钠过程中的第一步转运蛋白，表皮钠离子通道的活性大小对于钠重吸收起着重要的调节作用。ENaC 是一个异多聚体，包含 α、β、γ 三个同源亚基[237]。这三个亚基都对钠的重吸收活性产生影响[238,239]。ENaC 的三种亚基经常以不同的方式进行合成，以一种或两种亚基作为组成型表达，而其他的亚基在不同的生理状态下进行诱导表达以增强 ENaC 的活性，这种现象被称为非协调性调节[240]。本试验中，ENaC 各个亚基在不同的生理状态和不同的组织中的多变转录情况，表明对于不同的环境，骆驼通过调节 ENaC 的钠重吸收活性以应对不同的生理状态下对水的需求。由此可见，钠重吸收的功能加强和多变性是骆驼肾脏杰出的水分保持能力所必需的。

6.3.2　骆驼肾脏水孔蛋白基因家族转录特点

作为一种选择性的水通道，水孔蛋白在水的重吸收和代谢中起了非常重要的作用[241]。对骆驼肾脏水孔蛋白基因家族的转录情况分析表明，在限水条件下，*AQP*1、*AQP*2 和 *AQP*3 是骆驼肾皮质和肾髓质中表达最高的前三个水孔蛋白基因。这些基因可能促进骆驼在缺水时重吸收更多的水分。然而，在骆驼肾脏中没有检测到 *AQP*4 的 mRNA，这一点与生活在沙漠中的梅氏更格卢鼠（Dipodomys merriami merriami）的情况相同[242]，但却与人类肾脏中 *AQP*4 大量表达的情况[243]相反。这从一个侧面反映了骆驼和梅氏更格卢鼠这两种沙漠哺乳动物的肾脏在水代谢方面的相同点，它是两种动物在水代谢上趋同进化的一个反映。在比较基因组学分析中，本试验发现双峰驼 AQP4 蛋白的保守结构域上存在 R261C 的特异氨基酸变异位点。这些发现表明，骆驼基因肾脏中存在特殊的水分重吸收和代谢机制。

6.3.3　骆驼肾脏的高渗调节特点

考虑到高渗是肾脏水分平衡和重吸收的基础，本试验对肾髓质中渗透调节相关基因的转录情况进行了分析。T 细胞激活核因子 5（Nuclear factor of activated T-cells 5，*NFAT5*）是哺乳动物中目前唯一已知的渗透调节转录因子[244]。然而，在限水处理的骆驼肾髓质中，该转录因子的转录量为正常对照组的 3.66%。同时，本试验还发现 NFAT5 蛋白的众多靶基因也下调表达，其中包括钠/肌醇协同转运蛋白（Sodium/myo-inositol cotransporter，SMIT）、钠氯依赖性牛磺酸转运蛋白（Sodium- and chloride-dependent taurine transporter，*TauT*）和钠氯依赖性甜菜碱转运蛋白（Sodium- and chloride-dependent betaine transporter，*BGT*1）。在肾髓质细胞中，SMIT、TauT 和 BGT1 这三种蛋白负责转运肌醇、牛磺酸和甜菜碱进入细胞，对细胞积累主要相容性有机渗透物以应对高渗环境起主要作用[236]。在高渗应激的环境下，*NFAT5* 及其靶基因的下调表达并没有在其他的哺乳动物中被观察到[244,245]，甚至在沙漠动物如跳鼠（Spinifex hopping mouse）中也没有出现该现象[246]。本试验研究支持 Cheung 提出的假设：在高渗的时候，应该被激活的 NFAT5 受到负调控[244]。综上所述，在长期的限水条件下，骆驼依赖于其他的渗透调节机制以应对高渗应激。

6.3.4 骆驼肾髓质有机适应性渗透物的调节

肾髓质细胞中的有机渗透物能够帮助细胞平衡细胞内外渗透压[236]。*TauT*、*BGT*1 和 *SMIT* 的下调表达表明，牛磺酸、甜菜碱和肌醇转运进入细胞的量变少。在多元醇代谢通路中，醛糖还原酶（AR，Aldose reductase）催化葡萄糖转化为山梨醇[247]。山梨醇是高渗环境下的一个重要有机渗透物[236]。醛糖还原酶的转录表达受到 NFAT5 和氧化还原转录因子 Nrf2[248]的共同调节。在限水处理的肾髓质中，醛糖还原酶和 Nrf2 上调表达。因此，在慢性抗利尿条件下，骆驼肾髓质细胞中的醛糖还原酶可能通过抗氧化应激的机制由 Nrf2 激活。在多元代谢通路中，山梨醇脱氢酶（Sorbitol dehydrogenase，SDH）负责将山梨醇催化为果糖。山梨醇脱氢酶在限水的肾髓质中表达降低，而醛糖还原酶表达升高，这表明骆驼肾髓质细胞通过上调表达山梨醇合成代谢的酶并降低山梨醇分解代谢的酶，从而使细胞积累有机渗透物山梨醇以应对细胞高渗的不利环境。在限水处理的肾髓质中，参与合成细胞适应性渗透物甘油磷酰胆碱（Glycerophosphorylcholine，GPC）的神经病变靶标酯酶（Neuropathy target esterase，NTE）上调表达，而编码降解 GPC 的甘油磷酸胆碱磷酸二酯酶（Glycerophosphocholine phosphodiesterase）的 GDPD5 基因[249]，其 mRNA 水平和正常对照组之间没有显著性的变化。这表明，在限水处理的肾髓质细胞中，有机渗透物甘油磷酰胆碱也被积累以应对高渗的不利环境。由这些结果可以得出，长期限水条件下，骆驼肾髓质细胞主要由其自身合成有机适应性渗透物山梨醇和甘油磷酰胆碱，而并不以转运有机适应性渗透物牛磺酸、甜菜碱和肌醇进入细胞为主。

先前的研究表明，山梨醇可以作为能量的来源[250]并且能够平衡细胞外氯化钠产生的高渗[251]。甘油磷酰胆碱可以消除高盐和尿素的不利影响[251]，并且合成甘油磷酰胆碱所需的能量比克服高浓度梯度逆向转运甜菜碱进入细胞所需的能量要少[236]。综上所述，作为对高渗的响应，骆驼肾髓质细胞使用两种有机适应性渗透物替代 5 种。这种模式对于生活在食物匮乏沙漠中的骆驼是一种低能量消费的经济模式（图 6-14）。

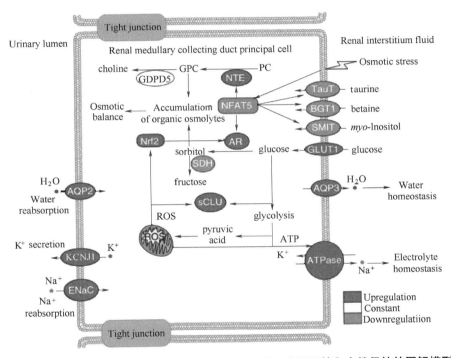

图 6-14　长期限水环境下骆驼肾髓质细胞渗透调节、渗透保护和水份保持的图解模型
Fig. 6-14　A schematic model of renal medullary osmoregulation, osmoprotection and water reservation in the camel during long-term water restriction (WR)

注：基因表达产物涂以不同颜色对应在限水环境下的上调表达（红色）、无变化（白色）和下调表达（绿色）；虚线表明基因表达和相关代谢产物最终的功能和效应。

Note: The coloured boxes of gene production correspond to upregulation (Red), constant (White) and downregulation (Green) in the renal medulla for WR. The dashed lines indicate the final functions or effects of the gene expression and the related product's activities.

6.3.5　骆驼肾髓质的渗透调节与血糖

在限水条件下，肾髓质中葡萄糖转运蛋白 1 （GLUT1） 和参与糖酵解的基因显著性的上调表达，且众多参与能量和糖代谢的 GO 条目在肾髓质上调差异基因中发生富集。而 GLUT1 的表达受到渗透应激和代谢应激的诱导[252]。这些结果说明，加大葡萄糖的摄入不仅能够为细胞贮留足够的葡萄糖浓度以用于合成山梨醇，而且能够为上调表达以维持机体离子梯度的钠钾 ATP 酶提供能量。此外，骆驼的血糖浓度 （6~8 mmol/L） 要比其他动物高[253,254]。综上所述，骆驼高血糖的特性可能是在限水环境下，其肾髓质细胞在渗透调节和水分重吸收上的一种适应性进化策略。

6.3.6　骆驼肾髓质的渗透保护

考虑到高渗对细胞的损伤[236]，对参与细胞保护的相关基因进行了分析。在限水条件下，肾髓质中 25 个编码抗氧化剂和相关酶的基因高表达。在限水的肾髓质中，Nrf2、热休克因子 1 （Heat shock factor-1，HSF1）、激活蛋白-1 复合物 （Activator protein-1 complex，AP-1）、p53、NF-κB 和信号转导和转录激活因子 4 （Signal transducer and activator of transcription 4，STAT4） 等参与抗氧化转录因子网络[255]也上调表达。热休克蛋白可以消除高渗条件下产生错误折叠蛋白[236]。在限水的肾髓质中有 14 个热休克基因高表达，而作为细胞保护的分子伴侣，丛生蛋白 （Clusterin） 增加转录 8.9 倍并且具有最高的表达量 （RPKM = 27069）。先前的研究表明，丛生蛋白受葡萄糖的诱导[256]并且对应激高度敏感[255,257]。与小热休克蛋白相比，丛生蛋白在抑制蛋白沉淀方面是一种更为有效的细胞保护的分子伴侣[258]。丛生蛋白还与多种病理状态有关，包括糖尿病[259,260]、肾病综合征[261]、肾损伤[262]等。此外，丛生蛋白基因是单峰驼的一个正选择基因。这些结果表明，骆驼的丛生蛋白基因在骆驼缺水时对肾髓质的保护起了特定的作用，而高血糖也可能对渗透保护起了一定的作用。综上所述，渗透保护基因的上调表达说明骆驼在限水条件下具有极其强大的渗透保护能力。

6.4　本章小结

（1）以 8 峰雌性阿拉善双峰驼为试验对象，随机分为对照组和限水组进行 24 d 的限水试验。分别采集各自的肾皮质和肾髓质，提取 RNA，并采用 Illumina Hiseq 2000 测序仪进行转录组测序、数据分析，获得了骆驼在正常情况下和长期限水条件下，肾皮质和肾髓质基因的转录及差异表达情况。

（2）骆驼肾脏钠重吸收的功能加强和多变性是骆驼肾脏杰出的水分保持能力所必需的。

（3）骆驼肾脏中存在特殊的水分重吸收和代谢机制。

（4）长期限水条件下，骆驼肾髓质细胞主要由其自身合成有机适应性渗透物山梨醇和甘油磷酰胆碱，而并不以转运有机适应性渗透物牛磺酸、甜菜碱和肌醇进入细胞为主。骆驼肾髓质细胞使用两种有机适应性渗透物替代 5 种，对于生活在食物匮乏沙漠中的骆驼是一种低能量消费的经济模式。

（5）骆驼肾髓质细胞具有极其强大的渗透保护能力。

（6）骆驼高血糖的特性是其在渗透调节、渗透保护和水分重吸收上的一种适应性进化策略。

第7章

全书总结

7.1 全书结论

（1）利用 Illumina Hiseq 2000 测序仪，采用"鸟枪法"测序策略对阿拉善双峰驼、阿拉伯单峰驼和羊驼的基因组进行测序，并对获得的基因组测序数据进行 *de novo* 组装和注释，获得了这 3 个骆驼科动物高质量的基因组组装结果和基因组注释结果，为后续开展这 3 个骆驼科动物的基因组分析、生物实验、育种以及种质资源开发与利用等提供了基础条件。

（2）证实了骆驼科物种的分歧进化是通过单个碱基变异和较小的染色体重排实现的。揭示了骆驼科和牛科、骆驼族和美洲驼族、双峰驼和单峰驼的分歧时间以及双峰驼和单峰驼是在从北美迁入欧亚大陆之后才发生的分化。同时发现 3 个骆驼科动物群体历史规模变化与地质年代的界限、哺乳动物期、动物迁徙、中更新世过渡、末次盛冰期等高度一致，且双峰驼群体规模可能曾受到人类活动的影响。综上所述，从分歧的遗传原因、分歧时间和种群历史变化 3 个方面系统地揭示了这 3 个骆驼科动物的进化历史。

（3）证实了骆驼科动物通过其特有的加速进化以适应干旱、高原等不利的环境。获得了骆驼在脂肪代谢、离子和水代谢、应激应答、呼吸系统对沙尘的适应、眼对强烈日照的适应等方面的进化基因。这些进化的基因通过基因家族收缩扩张、正选择、特异氨基酸变异、基因获得和缺失、基因快速进化等进化方式，使骆驼对食物匮乏、氧化应激、频繁的沙尘、强烈的日照、长期限水的恶劣沙漠环境产生适应性进化。这些受选择的基因代表了骆驼沙漠适应性的遗传基础。

（4）揭示了长期限水条件下，骆驼肾髓质细胞主要由其自身合成有机适应性渗透物山梨醇和甘油磷酰胆碱，而并不以转运有机适应性渗透物牛磺酸、甜菜碱和肌醇进入细胞为主。骆驼肾髓质细胞使用两种有机适应性渗透物替代 5 种，对于生活在食物匮乏沙漠中的骆驼是一种低能量消费的经济模式。

（5）揭示了长期限水条件下，骆驼肾髓质细胞通过大量表达渗透保护的相关基因，使其具有强大的渗透保护能力，以应对限水导致的细胞内不利的高渗环境。

（6）揭示了骆驼高血糖的特性在渗透调节、渗透保护和水分重吸收上起主要作用和骆驼肾脏在水分保持上进化出一种特殊的补偿机制。

7.2　研究创新点

（1）全面系统地揭示了骆驼科动物的进化历史和骆驼沙漠适应性的遗传基础。

（2）揭示了在长期限水时，骆驼通过自身合成两种有机渗透物代替 5 种的低能量消费的经济模式。

（3）揭示了骆驼的高血糖在渗透调节、渗透保护和水分重吸收中的作用和骆驼肾脏水份保持的补偿机制。

7.3　有待进一步研究的内容

7.3.1　基因组组装版本的更新

本研究进行测序的双峰驼、单峰驼和羊驼的基因组，采用的是"鸟枪法"测序策略，并没有进行遗传图谱和物理图谱的构建。因此，基因组只组装到 Scaffold 一级。在后续试验中，采用全基因组定位（Whole genome mapping）的方法可以快速、低成本的将基因组组装成超长支架（Super scaffold），从而达到准染色体标准。也可以直接利用荧光原位杂交（Fluorescence in situ hybridization，FISH）、放射杂交体法（Radiation hybrid，RH）等技术将 DNA 序列定位到染色体上，完成基因组染色体图谱。此外，在基因组组装过程中存在一些空洞（Gaps），后续可以利用本实验室及其他研究者陆续公布的序列，逐渐填补这些空洞优化基因组组装质量。

7.3.2　基因组注释工作的完善

　　本研究的基因组注释工作有待于进一步的完善。第一，利用现有的基因组组装方法很难将基因组中某些高度重复的序列组装出来，这些序列则成为未组装序列（Unassembled reads），也没有对其进行基因组重复序列的标识和鉴定。因此，在进行后续的重复序列注释时，有必要将未组装序列进行分析，以期得到相对更为完整的基因组重复序列分布图。第二，随着后续骆驼科动物各种组学测序工作的陆续开展，采用 RNA-seq、EST 等转录数据对基因结构和可变剪切位点进行校正，是今后 3 个骆驼科动物基因结构预测的一个重点。第三，本研究主要采用了同源比对的方法预测基因功能。实际上，有时候序列同源而功能并不一定相同，也就是说，序列之间的相似性有时并不一定代表实际功能的相似性。在今后的研究中，可以考虑整合转录组、蛋白质组等其他组学的数据，并结合生物学试验方法、文献报道等来完善双峰驼、单峰驼和羊驼基因功能的注释工作。第四，本研究采用的非编码 RNA 的预测主要是基于同源序列比对和结构预测，很难对这里面所包含的假基因进行剔除。另外，对于骆驼科特有的一些非编码 RNA 也无法预测出来。对于这两个问题，在后续的研究中，可以考虑采用多个组织及发育阶段的全转录组 RNA 测序来更好地完善对骆驼科动物非编码 RNA 的注释工作。

7.3.3　骆驼科动物进化基因的研究

　　本研究在对骆驼沙漠适应的研究中获得了骆驼科动物大量的受到进化

选择的基因，如正选择基因、扩张的基因家族、包含特异氨基酸变异基因等。后续实验中，可以对这些基因中所包含的特异变异位点、基因扩张等与骆驼的生物学功能进行相关性研究，进一步揭示骆驼沙漠适应性的遗传基础，从而为开发骆驼基因组上优秀的抗逆性相关的基因奠定基础。

7.3.4　骆驼肾脏生理的分子和细胞学研究

本研究获得了骆驼在正常和长期限水条件下，肾皮质和肾髓质基因的转录及差异表达情况，这其中包含离子代谢、水代谢、渗透调节、渗透保护等多个相关基因。后续研究可构建骆驼肾脏髓质集尿管细胞系，并从基因变异、DNA 甲基化、组蛋白修饰、小 RNA、蛋白质、细胞等水平研究，对骆驼肾脏生理特点和机制进行深入研究，进一步揭示骆驼保水的分子基础，从而为骆驼分子育种及种质资源开发提供目标基因。

缩略词表

AP-1 （activator protein-1 complex）	激活蛋白-1 复合物
AR （Aldose reductase）	醛糖还原酶
BGT1 （Sodium- and chloride-dependent betaine transporter）	钠氯依赖性甜菜碱转运蛋白
bp （Base pairs）	碱基对
BSM （Branch-site model）	分支-位点模型
CEGMA （Core eukaryotic gene mapping approach）	真核生物核心基因集定位方法
CG （Control Group）	对照组
DDBJ （DNA Data Bank of Japan）	日本 DNA 数据库
EMBL （European Molecular Biology Laboratory）	欧洲分子生物学实验室
ENaC （Epithelial Na+ Channel）	表皮钠离子通道
FDR （False Discovery Rate）	假阳性率
FISH （Fluorescence in situ hybridization）	荧光原位杂交
Gb （Giga base pairs）	十亿碱基对
GO （Gene Ontology）	基因本体论
GPC （Glycero phosphoryl choline）	甘油磷酰胆碱
HCAb （Heavy chain antibodies）	重链抗体
HGP （Human Genome Project）	人类基因组计划
HMM （Hidden Markov Model）	隐马尔可夫模型
HSF1 （Heat shock factor-1）	热休克因子 1
KACST （King Abdulaziz City for Science and Technology）	阿卜杜勒阿齐兹国王科技城
kb （Kilo base pairs）	千碱基对
Kya （Thousand years ago）	千年以前
LGM （Last Glacial Maximum）	末次盛冰期
LINE （Long Interspersed Nuclear Elements）	长散在重复序列
LTR （Long Terminal Repeat）	末端重复
MCMC （Markov chain Monte Carlo）	马尔可夫链蒙特卡洛方法
miRNA （micro RNAs）	微 RNA

MPT（Middle Pleistocene transition）	中更新世过渡
Mya（Million years ago）	百万年以前
ncRNAs（non-coding RNAs）	非编码 RNA
NFAT5（Nuclear factor of activated T-cells 5）	T 细胞激活核因子 5
NGS（Next Generation Sequencing）	第二代测序
NIH（National Institutes of Health）	国立卫生研究院
NTE（Neuropathy target esterase）	神经病变靶标酯酶
PE（Pair end）	双末端
PSGs（Positively selected genes）	正选择基因
PSMC（Pairwise sequentially Markovian coalescent）	配对顺序马尔科夫联合模型
PSS（Porcine Stress Syndrome）	猪应激综合征
RH（Radiation hybrid）	放射杂交体法
RPKM（Reads per Kilobase per Million mapped reads）	每百万序列中来自某一基因每千碱基长度的序列数目
rRNA（Ribosomal RNAs）	核糖体 RNA
SDH（Sorbitol dehydrogenase）	山梨醇脱氢酶
SE（Single end）	单末端
SINE（Short interspersed nuclear elements）	短散在重复序列
SMIT（Sodium/myo-inositol cotransporter）	钠/肌醇协同转运蛋白
snRNA（Small nuclear RNAs）	核内小分子 RNA
STAT4（Signal transducer and activator of transcription 4）	信号转导和转录激活因子 4
TauT（Sodium-and chloride-dependent taurine transporter）	钠氯依赖性牛磺酸转运蛋白
TEs（Transposable elements）	转座子元件
TMRCA（Most recent common ancestor）	最近共同祖先
tRNA（Transfer RNAs）	转运 RNA
WGAC（Whole-genome assembly comparison）	全基因组组装比对
WR（Water Restriction）	限水组

附 录

附表 1 双峰驼的正选择基因

Supplementary Table 1 Positively selected genes (PSGs) of Bactrian camel

基因编号 Gene ID	基因名称 Gene Name	基因编号 Gene ID	基因名称 Gene Name
Ala_ bactrian_ 00006	CTBS	Ala_ bactrian_ 11160	PLEKHO2
Ala_ bactrian_ 00157	HIVEP1	Ala_ bactrian_ 11248	C4ORF41
Ala_ bactrian_ 00256	BARHL1	Ala_ bactrian_ 11269	ZFP36L1
Ala_ bactrian_ 00259	RNF207	Ala_ bactrian_ 11274	TNFSF11
Ala_ bactrian_ 00386	HAGH	Ala_ bactrian_ 11308	FBXO41
Ala_ bactrian_ 00441	NR5A2	Ala_ bactrian_ 11338	PDDC1
Ala_ bactrian_ 00529	PIK3R5	Ala_ bactrian_ 11533	NFKBIB
Ala_ bactrian_ 00540	RTEL1	Ala_ bactrian_ 11541	RAD23B
Ala_ bactrian_ 00633	HSD17B4	Ala_ bactrian_ 11633	EDAR
Ala_ bactrian_ 00727	AMZ1	Ala_ bactrian_ 11791	HTATIP2
Ala_ bactrian_ 00766	MYRIP	Ala_ bactrian_ 11973	FAM89A
Ala_ bactrian_ 00776	SPP1	Ala_ bactrian_ 12011	DBX1
Ala_ bactrian_ 00781	MYLPF	Ala_ bactrian_ 12297	CFDP1
Ala_ bactrian_ 00870	FIGF	Ala_ bactrian_ 12310	THOC2
Ala_ bactrian_ 00879	TSPAN5	Ala_ bactrian_ 12349	KIAA0100
Ala_ bactrian_ 00944	GPR37	Ala_ bactrian_ 12450	OPTN
Ala_ bactrian_ 00979	HSD17B12	Ala_ bactrian_ 12463	RBBP8
Ala_ bactrian_ 00998	CALCR	Ala_ bactrian_ 12594	AFF4
Ala_ bactrian_ 01044	PCBP2	Ala_ bactrian_ 12608	GAPT
Ala_ bactrian_ 01103	EPRS	Ala_ bactrian_ 12710	HYAL2
Ala_ bactrian_ 01108	ASCC1	Ala_ bactrian_ 12783	SLC16A11
Ala_ bactrian_ 01234	CYSLTR2	Ala_ bactrian_ 12819	TSPO

（续表）

基因编号 Gene ID	基因名称 Gene Name	基因编号 Gene ID	基因名称 Gene Name
Ala_ bactrian_ 01349	HPS1	Ala_ bactrian_ 12897	CCAR1
Ala_ bactrian_ 01428	MTIF2	Ala_ bactrian_ 12916	EPN2
Ala_ bactrian_ 01599	BAIAP2L1	Ala_ bactrian_ 12949	CLDN7
Ala_ bactrian_ 01643	SLC9A8	Ala_ bactrian_ 12974	TM7SF4
Ala_ bactrian_ 01670	CHTF18	Ala_ bactrian_ 13083	MTERFD1
Ala_ bactrian_ 01791	KIAA0556	Ala_ bactrian_ 13108	SUMF1
Ala_ bactrian_ 02004	NFATC1	Ala_ bactrian_ 13126	HIDE1

附表 2　单峰驼的正选择基因

Supplementary Table 2　Positively selected genes（PSGs）of dromedary

基因编号 Gene ID	基因名称 Gene Name	基因编号 Gene ID	基因名称 Gene Name
Cam_ R000141	POLR2H	Cam_ R009981	F13B
Cam_ R000220	ARPM1	Cam_ R010015	SLC10A4
Cam_ R000223	GOLIM4	Cam_ R010052	ALOX5AP
Cam_ R000284	NAA38	Cam_ R010132	LCMT1
Cam_ R000316	ARF5	Cam_ R010155	CDON
Cam_ R000329	OPN1SW	Cam_ R010240	PLA2G2F
Cam_ R000418	BATF	Cam_ R010257	HSPG2
Cam_ R000435	NPC2	Cam_ R010407	CTBS
Cam_ R000480	SLC10A1	Cam_ R010473	ARHGAP6
Cam_ R000639	HSD17B12	Cam_ R010515	DGAT2L6
Cam_ R000675	ACP2	Cam_ R010674	PMP22
Cam_ R000714	GAPT	Cam_ R010764	MPPE1
Cam_ R000765	RAD17	Cam_ R010884	KIN
Cam_ R000801	COL4A3BP	Cam_ R010942	HYAL2
Cam_ R000905	CHODL	Cam_ R010967	MST1
Cam_ R000957	RBBP8	Cam_ R011021	SORD
Cam_ R000985	DSG2	Cam_ R011061	ZFP106
Cam_ R000996	NOL4	Cam_ R011089	RB1CC1
Cam_ R001064	C2CD3	Cam_ R011196	MS4A2
Cam_ R001070	POLD3	Cam_ R011249	OR9Q2
Cam_ R001119	NARS2	Cam_ R011381	UBA2

（续表）

基因编号 Gene ID	基因名称 Gene Name	基因编号 Gene ID	基因名称 Gene Name
Cam_ R001142	C11ORF73	Cam_ R011479	WDR33
Cam_ R001197	GDF9	Cam_ R011484	HS6ST1
Cam_ R001249	GFRA3	Cam_ R011739	MRPL28
Cam_ R001256	HSPA9	Cam_ R011840	CYB5R2
Cam_ R001259	SIL1	Cam_ R011896	BAIAP2L1
Cam_ R001268	DNAJC18	Cam_ R011898	TECPR1
Cam_ R001518	CLU	Cam_ R011906	EIF2AK1
Cam_ R001586	HOXD10	Cam_ R011914	ZDHHC4
Cam_ R001654	MFSD6	Cam_ R011958	GTPBP3

附表3 相对于牛的双峰驼快速进化基因的 GO 条目
Supplementary Table 3 Identification of rapidly evolving GO categories（$P<0.01$）
in the Bactrian camel compared with cattle

GO 编号 GO ID	双峰驼 dN/dS Bactrian camel dN/dS	牛 dN/dS Cattled N/dS	GO 描述 GO description
GO: 0045944	0. 109 202 323	0. 098 716 933	positive regulation of transcription from RNA polymerase II promoter
GO: 0007623	0. 161 916 494	0. 150 554 426	circadian rhythm
GO: 0043066	0. 067 204 533	0. 062 818 536	negative regulation of apoptotic process
GO: 0005080	0. 067 390 278	0. 056 980 379	protein kinase C binding
GO: 0016607	0. 103 464 574	0. 077 379 784	nuclear speck
GO: 0016071	0. 119 367 644	0. 085 074 765	mRNA metabolic process
GO: 0006950	0. 138 099 909	0. 125 814 606	response to stress
GO: 0050821	0. 163 334 111	0. 131 937 551	protein stabilization
GO: 0060333	0. 126 249 642	0. 110 683 458	interferon-gamma-mediated signaling pathway
GO: 0019898	0. 152 437 786	0. 145 055 764	extrinsic to membrane
GO: 0030659	0. 120 147 538	0. 110 495 213	cytoplasmic vesicle membrane
GO: 0048839	0. 126 157 929	0. 108 899 777	inner ear development
GO: 0051607	0. 179 292 165	0. 17 021 863	defense response to virus
GO: 0006112	0. 066 013 911	0. 060 333 393	energy reserve metabolic process
GO: 0030335	0. 10 909 267	0. 106 665 042	positive regulation of cell migration
GO: 0045454	0. 18 668 383	0. 164 425 387	cell redox homeostasis
GO: 0004871	0. 119 665 144	0. 112 528 979	signal transducer activity

（续表）

GO 编号 GO ID	双峰驼 dN/dS Bactrian cameld N/dS	牛 dN/dS Cattled N/dS	GO 描述 GO description
GO: 0006417	0. 156 314 697	0. 128 474 658	regulation of translation
GO: 0003705	0. 091 483 405	0. 069 953 017	RNA polymerase II distal enhancer sequence – specific DNA binding transcription factor activity
GO: 0030198	0. 141 023 801	0. 117 731 371	extracellular matrix organization
GO: 0005179	0. 225 781 276	0. 207 656 575	hormone activity
GO: 0019432	0. 166 497 043	0. 13 094 871	triglyceride biosynthetic process

附表 4　相对于牛的单峰驼快速进化基因的 GO 条目

Supplementary Table 4　Identification of rapidly evolving GO categories（$P<0.01$）in the dromedary compared with cattle

GO 编号 GO ID	单峰驼 dN/dS Dromedary dN/dS	牛 dN/dS Cattle dN/dS	GO 描述 GO description
GO: 0030336	0. 108 809 488	0. 094 307 151	negative regulation of cell migration
GO: 0045944	0. 111 052 652	0. 099 394 228	positive regulation of transcription from RNA polymerase II promoter
GO: 0007229	0. 15 842 585	0. 141 575 446	integrin-mediated signaling pathway
GO: 0005882	0. 18 306 554	0. 126 767 837	intermediate filament
GO: 0043066	0. 134 360 937	0. 087 512 298	negative regulation of apoptotic process
GO: 0001649	0. 086 572 497	0. 062 835 615	osteoblast differentiation
GO: 0048471	0. 139 133 748	0. 138 129 647	perinuclear region of cytoplasm
GO: 0007283	0. 189 297 073	0. 185 742 209	spermatogenesis
GO: 0005080	0. 085 642 788	0. 058 774 146	protein kinase C binding
GO: 0071222	0. 153 731 305	0. 140 541 514	cellular response to lipopolysaccharide
GO: 0016607	0. 096 803 508	0. 073 887 409	nuclear speck
GO: 0005667	0. 091 925 157	0. 084 676 818	transcription factor complex
GO: 0050821	0. 198 832 607	0. 13 453 778	protein stabilization
GO: 0009887	0. 105 382 407	0. 093 506 535	organ morphogenesis
GO: 0043025	0. 085 376 305	0. 080 834 483	neuronal cell body
GO: 0030204	0. 126 834 258	0. 098 337 687	chondroitin sulfate metabolic process
GO: 0030659	0. 136 492 716	0. 112 331 149	cytoplasmic vesicle membrane
GO: 0048839	0. 143 025 534	0. 111 682 856	inner ear development
GO: 0016881	0. 050 624 709	0. 036 568 448	acid-amino acid ligase activity
GO: 0051607	0. 171 457 865	0. 170 267 836	defense response to virus
GO: 0006112	0. 064 280 441	0. 060 562 297	energy reserve metabolic process
GO: 0030335	0. 125 966 762	0. 111 641 456	positive regulation of cell migration

附表 5 相对于牛的羊驼快速进化基因的 GO 条目

Supplementary Table 5 Identification of rapidly evolving GO categories (P<0.01) in the alpaca compared with cattle

GO 编号 GO ID	羊驼 dN/dS Alpaca dN/dS	牛 dN/dS Cattle dN/dS	GO 描述 GO description
GO：0043066	0.128 732 117	0.049 842 615	negative regulation of apoptotic process
GO：0030529	0.212 268 258	0.171 124 521	ribonucleoprotein complex
GO：0007283	0.186 482 344	0.165 702 139	spermatogenesis
GO：0071222	0.167 620 201	0.128 760 688	cellular response to lipopolysaccharide
GO：0042277	0.141 686 566	0.095 861 712	peptide binding
GO：0006812	0.102 060 699	0.092 324 069	cation transport
GO：0009887	0.113 704 343	0.101 179 761	organ morphogenesis
GO：0051260	0.079 426 234	0.06 024 474	protein homooligomerization
GO：0043025	0.096 650 034	0.079 974 815	neuronal cell body
GO：0030659	0.123 497 354	0.107 792 887	cytoplasmic vesicle membrane
GO：0008565	0.146 071 648	0.082 990 362	protein transporter activity
GO：0048839	0.148 462 362	0.117 378 835	inner ear development
GO：0051607	0.169 256 301	0.164 510 091	defense response to virus
GO：0045454	0.191 006 207	0.164 227 465	cell redox homeostasis
GO：0031225	0.153 993 13	0.124 354 08	anchored to membrane
GO：0007420	0.145 822 918	0.128 462 424	brain development
GO：0005179	0.260 153 941	0.211 061 001	hormone activity
GO：0008543	0.064 359 238	0.049 381 518	fibroblast growth factor receptor signaling pathway
GO：0008138	0.175 507 46	0.118 891 241	protein tyrosine/serine/threonine phosphatase activity
GO：0008544	0.121 554 562	0.101 018 949	epidermis development
GO：0048015	0.087 174 42	0.066 593 802	phosphatidylinositol−mediated signaling
GO：0008134	0.111 754 324	0.100 851 503	transcription factor binding
GO：0006470	0.165 192 724	0.129 045 379	protein dephosphorylation

附表 6　相对于羊驼的双峰驼快速进化基因的 GO 条目

Supplementary Table 6　Identification of rapidly evolving GO categories（*P*<0.01）

in the Bactrian camel compared with alpaca

GO 编号 GO ID	双峰驼 dN/dS Bactrian camel dN/dS	羊驼 dN/dS Alpaca dN/dS	GO 描述 GO description
GO：0006139	0.294 921 551	0.252 222 874	nucleobase – containing compound metabolic process
GO：0045944	0.161 284 866	0.153 845 431	positive regulation of transcription from RNA polymerase II promoter
GO：0007229	0.198 934 131	0.162 590 421	integrin–mediated signaling pathway
GO：0051301	0.240 398 761	0.198 413 538	cell division
GO：0048471	0.184 339 577	0.156 767 906	perinuclear region of cytoplasm
GO：0006626	0.147 118 756	0.137 114 697	protein targeting to mitochondrion
GO：0008203	0.227 510 127	0.196 569 381	cholesterol metabolic process
GO：0030141	0.224 446 601	0.187 044 052	secretory granule
GO：0000278	0.191 240 222	0.181 098 239	mitotic cell cycle
GO：0016071	0.218 262 227	0.160 398 076	mRNA metabolic process
GO：0006950	0.242 948 087	0.166 542 752	response to stress
GO：0005667	0.164 127 899	0.131 591 574	transcription factor complex
GO：0005813	0.343 074 193	0.180 386 954	centrosome
GO：0007601	0.223 664 772	0.201 905 079	visual perception
GO：0005178	0.157 117 089	0.138 212 678	integrin binding
GO：0050896	0.240 793 882	0.186 775 206	response to stimulus
GO：0004812	0.210 977 003	0.154 530 633	aminoacyl–tRNA ligase activity
GO：0016881	0.088 979 073	0.066 937 353	acid–amino acid ligase activity
GO：0051607	0.294 503 326	0.222 955 46	defense response to virus
GO：0005615	0.223 657 219	0.214 774 169	extracellular space
GO：0006200	0.184 991 919	0.149 725 813	ATP catabolic process
GO：0010468	0.143 322 541	0.142 493 486	regulation of gene expression

附表 7　相对于羊驼的单峰驼快速进化基因的 GO 条目

Supplementary Table 7　Identification of rapidly evolving GO categories（*P*<0. 01）

in the dromedary compared with alpaca.

GO 编号 GO ID	单峰驼 dN/dS Dromedary dN/dS	羊驼 dN/dS Alpaca dN/dS	GO 描述 GO description
GO：0008092	0. 150 869 637	0. 083 942 467	cytoskeletal protein binding
GO：0007156	0. 177 117 647	0. 150 586 221	homophilic cell adhesion
GO：0007229	0. 211 808 063	0. 150 479 566	integrin-mediated signaling pathway
GO：0008152	0. 195 031 84	0. 181 251 166	metabolic process
GO：0016607	0. 146 020 646	0. 111 923 942	nuclear speck
GO：0000278	0. 187 564 144	0. 182 796 424	mitotic cell cycle
GO：0016071	0. 175 786 092	0. 117 381 22	mRNA metabolic process
GO：0005667	0. 161 399 976	0. 134 617 033	transcription factor complex
GO：0003779	0. 159 029 181	0. 146 363 529	actin binding
GO：0005813	0. 282 631 084	0. 230 350 202	centrosome
GO：0007601	0. 208 749 46	0. 156 240 631	visual perception
GO：0009887	0. 174 183 007	0. 164 887 214	organ morphogenesis
GO：0005178	0. 184 462 55	0. 145 518 551	integrin binding
GO：0030659	0. 189 537 867	0. 185 176 532	cytoplasmic vesicle membrane
GO：0004812	0. 232 390 65	0. 145 934 146	aminoacyl-tRNA ligase activity
GO：0008026	0. 176 848 217	0. 169 668 286	ATP-dependent helicase activity
GO：0005615	0. 213 814 744	0. 198 304 18	extracellular space
GO：0005254	0. 177 582 697	0. 159 708 176	chloride channel activity
GO：0006200	0. 163 053 017	0. 153 523 85	ATP catabolic process
GO：0010468	0. 192 800 973	0. 151 425 905	regulation of gene expression
GO：0006357	0. 106 889 513	0. 096 983 591	regulation of transcription from RNA polymerase II promoter
GO：0003705	0. 150 056 033	0. 116 386 548	RNA polymerase II distal enhancer sequence-specific DNA binding transcription factor activity

附表 8　相对于单峰驼的双峰驼快速进化基因的 GO 条目

Supplementary Table 8　Identification of rapidly evolving GO categories（*P*<0.01）

in the Bactrian camel compared with dromedary

GO 编号 GO ID	双峰驼 dN/dS Bactrian camel dN/dS	单峰驼 dN/dS Dromedary dN/dS	GO 描述 GO description
GO：0008284	0.257 497 326	0.189 527 376	positive regulation of cell proliferation
GO：0003690	0.301 462 425	0.247 365 8	double-stranded DNA binding
GO：0008203	0.283 629 847	0.166 102 698	cholesterol metabolic process
GO：0071222	0.236 171 221	0.098 882 757	cellular response to lipopolysaccharide
GO：0016071	0.535 765 497	0.323 956 299	mRNA metabolic process
GO：0034613	0.331 390 264	0.267 815 655	cellular protein localization
GO：0042542	0.483 122 402	0.073 038 653	response to hydrogen peroxide
GO：0060333	0.302 417 379	0.151 727 094	interferon-gamma-mediated signaling pathway
GO：0006355	0.310 171 89	0.266 211 248	regulation of transcription DNA-dependent
GO：0005813	0.479 841 161	0.165 987 681	centrosome
GO：0009887	0.328 437 833	0.290 379 661	organ morphogenesis
GO：0019898	0.329 948 796	0.29 985 098	extrinsic to membrane
GO：0009725	0.609 144 301	0.083 550 361	response to hormone stimulus
GO：0015035	0.431 350 869	0.351 916 647	protein disulfide oxidoreductase activity
GO：0001701	0.316 114 308	0.197 250 809	in utero embryonic development
GO：0045454	0.423 024 932	0.269 892 995	cell redox homeostasis
GO：0006865	0.258 997 323	0.162 623 786	amino acid transport
GO：0006417	0.493 339 587	0.239 286 057	regulation of translation
GO：0003705	0.353 876 465	0.270 842 822	RNA polymerase II distal enhancer sequence-specific DNA binding transcription factor activity
GO：0005765	0.363 519 249	0.191 968 805	lysosomal membrane

附表 9　相对于牛的双峰驼慢速进化基因的 GO 条目

Supplementary Table 9　Identification of slowly evolving GO categories (*P*<0. 01)

in the Bactrian camel compared with cattle

GO 编号 GO ID	双峰驼 dN/dS Bactrian camel dN/dS	牛 dN/dS Cattle dN/dS	GO 描述 GO description
GO: 0001649	0. 014 863 556	0. 066 519 255	osteoblast differentiation
GO: 0048471	0. 123 110 542	0. 127 915 338	perinuclear region of cytoplasm
GO: 0030141	0. 124 817 464	0. 138 909 184	secretory granule
GO: 0071456	0. 015 690 909	0. 079 188 799	cellular response to hypoxia
GO: 0030509	0. 0688 903 3	0. 080 993 988	BMP signaling pathway
GO: 0005615	0. 199 362 791	0. 207 666 561	extracellular space
GO: 0031225	0. 141 462 621	0. 148 589 03	anchored to membrane
GO: 0007420	0. 061 102 191	0. 125 664 069	brain development
GO: 0050728	0. 115 778 349	0. 142 057 15	negative regulation of inflammatory response
GO: 0008584	0. 039 214 068	0. 191 675 554	male gonad development
GO: 0009952	0. 024 377 469	0. 083 714 037	anterior/posterior pattern specification
GO: 0042802	0. 056 103 579	0. 100 129 034	identical protein binding
GO: 0001843	0. 026 572 884	0. 095 219 956	neural tube closure
GO: 0006816	0. 071 464 834	0. 077 772 167	calcium ion transport
GO: 0042742	0. 199 645 581	0. 221 463 272	defense response to bacterium
GO: 0030324	0. 093 013 827	0. 102 424 689	lung development
GO: 0006874	0. 076 399 567	0. 086 398 25	cellular calcium ion homeostasis
GO: 0001657	0. 011 835 478	0. 053 644 825	ureteric bud development
GO: 0007409	0. 064 553 562	0. 065 735 629	axonogenesis
GO: 0009790	0. 029 984 614	0. 074 433 622	embryo development
GO: 0001756	0. 032 812 364	0. 121 747 69	somitogenesis
GO: 0043065	0. 048 685 608	0. 118 986 755	positive regulation of apoptotic process

附表 10　相对于牛的单峰驼慢速进化基因的 GO 条目

Supplementary Table 10　Identification of slowly evolving GO categories（$P<0.01$）

in the dromedary compared with cattle

GO 编号 GO ID	单峰驼 dN/dS Dromedary dN/dS	牛 dN/dS Cattle dN/dS	GO 描述 GO description
GO: 0008092	0. 012 264 911	0. 071 781 042	cytoskeletal protein binding
GO: 0007623	0. 120 738 147	0. 135 480 858	circadian rhythm
GO: 0003779	0. 047 914 856	0. 117 658 973	actin binding
GO: 0030509	0. 065 724 728	0. 076 214 883	BMP signaling pathway
GO: 0008201	0. 115 197 901	0. 128 680 122	heparin binding
GO: 0007218	0. 153 085 515	0. 155 203 947	neuropeptide signaling pathway
GO: 0005515	0. 123 822 567	0. 127 629 34	protein binding
GO: 0050728	0. 122 113 649	0. 146 777 027	negative regulation of inflammatory response
GO: 0070588	0. 049 608 578	0. 054 534 422	calcium ion transmembrane transport
GO: 0007268	0. 024 383 963	0. 073 918 471	synaptic transmission
GO: 0042802	0. 063 746 142	0. 105 966 097	identical protein binding
GO: 0006816	0. 070 806 682	0. 076 886 808	calcium ion transport
GO: 0042742	0. 189 461 023	0. 215 757 268	defense response to bacterium
GO: 0005581	0. 038 402 73	0. 121 910 749	collagen
GO: 0005829	0. 079 680 273	0. 107 795 949	cytosol
GO: 0005262	0. 068 422 668	0. 074 675 974	calcium channel activity
GO: 0006874	0. 076 875 322	0. 089 052 761	cellular calcium ion homeostasis
GO: 0005198	0. 034 598 464	0. 108 186 231	structural molecule activity
GO: 0009612	0. 085 800 867	0. 089 173 641	response to mechanical stimulus
GO: 0005737	0. 097 662 519	0. 115 084 369	cytoplasm
GO: 0005576	0. 137 261 529	0. 174 476 325	extracellular region

附表 11　相对于牛的羊驼慢速进化基因的 GO 条目

Supplementary Table 11　Identification of slowly evolving GO categories（P<0.01）

in the alpaca compared with cattle

GO 编号 GO ID	羊驼 dN/dS Alpaca dN/dS	牛 dN/dS Cattle dN/dS	GO 描述 GO description
GO：0045944	0. 064 376 653	0. 095 834 749	positive regulation of transcription from RNA polymerase II promoter
GO：0046872	0. 085 997 085	0. 109 680 57	metal ion binding
GO：0046983	0. 048 810 098	0. 114 427 178	protein dimerization activity
GO：0032313	0. 092 700 746	0. 097 097 777	regulation of Rab GTPase activity
GO：0005097	0. 086 214 87	0. 089 891 439	Rab GTPase activator activity
GO：0006954	0. 084 789 043	0. 162 861 939	inflammatory response
GO：0051090	0. 066 979 492	0. 071 797 479	regulation of sequence-specific DNA binding transcription factor activity
GO：0005576	0. 097 400 843	0. 170 108 244	extracellular region
GO：0016477	0. 076 459 399	0. 083 925 272	cell migration

附表 12　相对于羊驼的双峰驼慢速进化基因的 GO 条目

Supplementary Table 12　Identification of slowly evolving GO categories（P<0.01）

in the Bactrian camel compared with alpaca

GO 编号 GO ID	双峰驼 dN/dS Bactrian camel dN/dS	羊驼 dN/dS Alpaca dN/dS	GO 描述 GO description
GO：0003779	0. 161 287 684	0. 168 701 626	actin binding
GO：0006355	0. 176 821 217	0. 191 781 774	regulation of transcription DNA-dependent
GO：0003676	0. 185 341 124	0. 1878 709 8	nucleic acid binding
GO：0015629	0. 129 925 944	0. 158 437 314	actin cytoskeleton
GO：0005911	0. 130 701 209	0. 141 223 471	cell-cell junction
GO：0008270	0. 188 917 894	0. 197 249 059	zinc ion binding
GO：0005622	0. 165 005 692	0. 180 093 398	intracellular
GO：0045087	0. 198 090 376	0. 213 533 892	innate immune response
GO：0016032	0. 146 974 016	0. 158 362 37	viral reproduction
GO：0005929	0. 207 088 621	0. 219 193 22	cilium
GO：0043565	0. 175 127 445	0. 177 029 963	sequence-specific DNA binding
GO：0007411	0. 133 302 688	0. 149 988 068	axon guidance

GO 编号 GO ID	双峰驼 dN/dS Bactrian camel dN/dS	羊驼 dN/dS AlpacadN/dS	GO 描述 GO description
GO：0006936	0. 116 284 042	0. 119 169 697	muscle contraction
GO：0045202	0. 128 652 144	0. 151 558 642	synapse
GO：0016772	0. 158 06189	0. 161 620 652	transferase activity transferring phosphorus-containing groups
GO：0001889	0. 122 731 39	0. 166 774 134	liver development
GO：0005516	0. 118 100 888	0. 120 205 444	calmodulin binding
GO：0000086	0. 188 803 442	0. 215 415 069	G2/M transition of mitotic cell cycle
GO：0007584	0. 204 299 902	0. 204 809 472	response to nutrient
GO：0001669	0. 127 039 99	0. 138 321 465	acrosomal vesicle
GO：0043234	0. 162 490 113	0. 169 831 336	protein complex
GO：0005789	0. 157 908 703	0. 177 474 466	endoplasmic reticulum membrane
GO：0010467	0. 135 770 314	0. 138 848 092	gene expression

附表 13　相对于羊驼的单峰驼慢速进化基因的 GO 条目

Supplementary Table 13　Identification of slowly evolving GO categories（*P*<0. 01）

in the dromedary compared with alpaca

GO 编号 GO ID	单峰驼 dN/dS Dromedary dN/dS	羊驼 dN/dS Alpaca dN/dS	GO 描述 GO description
GO：0045944	0. 147 765 46	0. 158 026 712	positive regulation of transcription from RNA polymerase II promoter
GO：0008203	0. 193 362 543	0. 197 063 913	cholesterol metabolic process
GO：0006355	0. 16 066 691	0. 161 344 908	regulation of transcription DNA-dependent
GO：0003676	0. 182 937 002	0. 192 973 901	nucleic acid binding
GO：0015629	0. 147 139 699	0. 149 735 844	actin cytoskeleton
GO：0005765	0. 193 211 293	0. 204 431 648	lysosomal membrane
GO：0005911	0. 117 160 722	0. 126 815 872	cell-cell junction
GO：0008270	0. 180 902 162	0. 183 333 003	zinc ion binding
GO：0005622	0. 163 810 948	0. 164 206 473	intracellular
GO：0007154	0. 191 131 565	0. 200 070 479	cell communication
GO：0005929	0. 194 274 819	0. 226 331 899	cilium
GO：0043565	0. 148 801 417	0. 156 266 825	sequence-specific DNA binding
GO：0007411	0. 12 082 484	0. 124 298 655	axon guidance

（续表）

GO 编号 GO ID	单峰驼 dN/dS Dromedary dN/dS	羊驼 dN/dS Alpaca dN/dS	GO 描述 GO description
GO：0016772	0.1 44 697 7	0.162 630 936	transferase activity transferring phosphorus-containing groups
GO：0007268	0.115 552 315	0.135 005 903	synaptic transmission
GO：0000086	0.201 071 064	0.210 369 212	G2/M transition of mitotic cell cycle
GO：0004672	0.145 592 132	0.161 356 421	protein kinase activity
GO：0043234	0.149 112 355	0.15 001 456	protein complex
GO：0007565	0.145 469 873	0.155 313 711	female pregnancy
GO：0009897	0.186 983 623	0.193 739 423	external side of plasma membrane
GO：0005125	0.259 544 944	0.269 840 037	cytokine activity

附表 14　相对于单峰驼的双峰驼慢速进化基因的 GO 条目

Supplementary Table 14　Identification of slowly evolving GO categories（$P<0.01$）in the Bactrian camel compared with dromedary

GO 编号 GO ID	双峰驼 dN/dS Bactrian camel dN/dS	单峰驼 dN/dS Dromedary dN/dS	GO 描述 GO description
GO：0045944	0.295 943 439	0.305 900 791	positive regulation of transcription from RNA polymerase II promoter
GO：0006626	0.349 409 442	0.395 920 216	protein targeting to mitochondrion
GO：0001569	0.187 766 006	0.207 013 153	patterning of blood vessels
GO：0031225	0.296 760 405	0.310 994 829	anchored to membrane
GO：0005622	0.269 877 857	0.276 117 316	intracellular
GO：0006520	0.250 186 234	0.395 287 883	cellular amino acid metabolic process
GO：0006897	0.262 661 249	0.262 788 779	endocytosis
GO：0016337	0.236 737 765	0.265 639 327	cell-cell adhesion
GO：0046872	0.231 084 151	0.255 874 918	metal ion binding
GO：0004725	0.306 586 956	0.325 559 375	protein tyrosine phosphatase activity
GO：0007588	0.298 059 749	0.342 128 286	excretion
GO：0005789	0.240 775 546	0.248 545 074	endoplasmic reticulum membrane
GO：0044212	0.265 169 861	0.268 320 291	transcription regulatory region DNA binding
GO：0000910	0.220 209 524	0.304 652 593	cytokinesis
GO：0009791	0.341 006 881	0.360 159 322	post-embryonic development
GO：0009055	0.249 499 787	0.287 302 177	electron carrier activity
GO：0005089	0.281 568 235	0.282 057 515	Rho guanyl-nucleotide exchange factor activity
GO：0009615	0.361 524 384	0.373 194 832	response to virus
GO：0045786	0.284 448 388	0.364 146 563	negative regulation of cell cycle

附表 15　肾皮质和髓质中水孔蛋白家族基因的转录情况

Supplementary Table 15　Transcriptomic representation of genes（RPKM value）of the aquaporins' family in renal cortex and renal medulla for control group（CG） and water restriction（WR）

基因 ID Gene ID	基因名称 Gene Name	肾皮质 Renal cortex		肾髓质 Renal medulla	
		CG	WR	CG	WR
Ala_ bactrian_ 10657	AQP1	339. 122	834. 2 019	610. 4 446	1 323. 048
Ala_ bactrian_ 17951	AQP2	137. 852	491. 3 911	1 694. 105	4 135. 837
Ala_ bactrian_ 00286	AQP3	45. 80 827	197. 2 901	1 051. 351	3 006. 538
Ala_ bactrian_ 10592	AQP5	7. 91 684	5. 485 924	2. 414 017	5. 308 177
Ala_ bactrian_ 13653	AQP6	25. 84 343	67. 68 651	1. 035 111	6. 294 016
Ala_ bactrian_ 10970	AQP7	71. 72 562	70. 60 493	0. 110 979	0. 106 549
Ala_ bactrian_ 01284	AQP11	11. 08 358	16. 54 217	0. 143 115	0. 206 104

附表 16　肾髓质中参与渗透调节基因的转录情况

Supplementary Table 16　Transcriptomic representation of genes（RPKM value） of the osmoregulation in renal medulla for control group（CG）and water restriction（WR）

基因编号 Gene ID	基因名称 Gene Name	对照组 RPKM RPKM of CG	限水组 RPKM RPKM of WR
Ala_ bactrian_ 00189	AKR1B1	1 022. 963	1 790. 812
Ala_ bactrian_ 08299	NFAT5	142. 654 5	5. 223 704
Ala_ bactrian_ 06722	PNPLA6	46. 662 26	51. 138 16
Ala_ bactrian_ 00018	SLC5A11	0. 219 655	0. 316 331
Ala_ bactrian_ 06478	SLC5A3	33. 277 68	7. 919 27
Ala_ bactrian_ 02913	SLC6A12	89. 703 01	64. 554 25
Ala_ bactrian_ 09201	SLC6A6	44. 533 76	18. 050 66
Ala_ bactrian_ 12215	GDPD5	4. 846 606	3. 834 188
Ala_ bactrian_ 15145	SLC2A1	69. 594 89	197. 436 4
Ala_ bactrian_ 09566	SORD	5. 560 027	3. 043 644

附表 17 肾髓质中渗透保护基因的转录情况

Supplementary Table 17 Transcriptomic representation of genes（RPKM value）

of osmoprotection in renal medulla for control group（CG）and

water restriction（WR）

类别 Category	基因编号 Gene ID	基因名称 Gene Name	对照组 RPKM RPKM of CG	限水组 RPKM RPKM of WR
Antioxidant and related enzymes	Ala_ bactrian_ 19747	CAT	122. 802 165 5	163. 610 132
	Ala_ bactrian_ 11167	GLRX	62. 405 508 5	113. 851 294 3
	Ala_ bactrian_ 11759	GLRX3	77. 949 394 54	114. 262 880 5
	Ala_ bactrian_ 03175	GPX1	692. 972 283	1 499. 050 61
	Ala_ bactrian_ 08113	GPX3	39. 918 140 72	166. 115 159 7
	Ala_ bactrian_ 16983	GPX7	20. 099 627 2	34. 459 453 8
	Ala_ bactrian_ 15108	GSTK1	29. 142 660 79	33. 072 220 02
	Ala_ bactrian_ 18923	GSTM1	107. 180 057	201. 660 900 5
	Ala_ bactrian_ 20072	GSTM1	12. 675 708 64	33. 835 515 31
	Ala_ bactrian_ 06652	GSTM3	49. 854 097 15	73. 660 878 64
	Ala_ bactrian_ 15249	GSTO1	32. 872 037 4	48. 547 994 57
	Ala_ bactrian_ 04952	GSTP1	879. 761 169 5	1 340. 991 068
	Ala_ bactrian_ 08613	GSTT1	91. 436 677 71	129. 502 033
	Ala_ bactrian_ 14477	GSTT1	102. 433 687 7	120. 568 312 4
	Ala_ bactrian_ 17931	MGST1	59. 401 995 13	129. 231 787 5
	Ala_ bactrian_ 04395	MGST3	231. 311 369	312. 756 894 4
	Ala_ bactrian_ 18938	PRDX1	321. 7 659 041	378. 2 463 193
	Ala_ bactrian_ 01094	PRDX2	228. 609 7663	495. 907 879 2
	Ala_ bactrian_ 16353	PRDX3	214. 355 553	230. 489 305 6
	Ala_ bactrian_ 02394	PRDX5	160. 174 863 7	251. 507 590 7
	Ala_ bactrian_ 01955	PRDX6	56. 094 492 04	104. 942 751
	Ala_ bactrian_ 10673	SOD3	10. 633 930 93	89. 697 290 62
	Ala_ bactrian_ 10751	TXNRD2	11. 218 595 2	16. 374 486 69
	Ala_ bactrian_ 06037	TXN	112. 524 350 8	221. 875 408 6
	Ala_ bactrian_ 03147	TXN2	139. 943 986 5	157. 265 668 8
Antioxidative transcription factors	Ala_ bactrian_ 15029	FOS	14. 350 025 28	197. 224 173 9
	Ala_ bactrian_ 13776	JUN	84. 415 482 6	240. 811 031 7
	Ala_ bactrian_ 14463	NFE2L2	176. 867 179	209. 338 346

类别 Category	基因编号 Gene ID	基因名称 Gene Name	对照组 RPKM RPKM of CG	限水组 RPKM RPKM of WR
	Ala_ bactrian_ 02124	NFKB2	41. 493 354 34	62. 237 913 17
	Ala_ bactrian_ 12943	RELA	109. 092 943 5	163. 290 085 7
	Ala_ bactrian_ 16280	RELB	8. 436 360 77	12. 213 175 98
	Ala_ bactrian_ 15469	TP53	47. 347 102 74	63. 992 119 4
	Ala_ bactrian_ 04818	STAT4	2. 117 393 697	6. 242 112 789
	Ala_ bactrian_ 13024	HSF1	73. 144 225 88	110. 049 999 8
Heatshockgene	Ala_ bactrian_ 09331	HSPA5	167. 224 584 8	309. 896 313
	Ala_ bactrian_ 01468	HSP90B1	422. 165 720 3	524. 654 069 8
	Ala_ bactrian_ 12782	HSPA8	303. 114 843	325. 250 618
	Ala_ bactrian_ 05824	HSPB2	66. 826 226 2	121. 606 606 9
	Ala_ bactrian_ 10773	HSPB8	23. 519 571 67	41. 006 591
	Ala_ bactrian_ 09870	DNAJB1	54. 350 212 55	99. 091 094 56
	Ala_ bactrian_ 03298	DNAJC1	56. 821 031 79	68. 191 075 91
	Ala_ bactrian_ 09159	DNAJC4	137. 763 094 8	197. 874 204 2
	Ala_ bactrian_ 03941	HSPA2	170. 466 754	228. 244 235 6
	Ala_ bactrian_ 09494	HSP90AA1	748. 381 619 7	930. 722 105 4
	Ala_ bactrian_ 15976	HSP90AB1	431. 585 892	663. 419 367 4
	Ala_ bactrian_ 03068	HSPB6	4. 492 950 904	17. 658 808 8
	Ala_ bactrian_ 07871	CRYAB	1954. 223 036	4306. 963 247
	Ala_ bactrian_ 04172	HYOU1	49. 471 981 45	65. 272 947 97

附表 18　肾皮质上调表达基因的 GO 富集分析

Supplementary Table 18　GO enrichment analysis for transcriptional
up-regulation in renal cortex

基因编号 GO ID	GO 描述 GO description	分类 Taxonomy	基因数量 Number of genes	P 值 P-value
GO：0012505	endomembrane system	CC	683	2.77E-18
GO：0005622	intracellular	CC	3 756	3.67E-17
GO：0044464	cell part	CC	4 211	1.22E-15
GO：0005623	cell	CC	4 211	1.38E-15
GO：0005794	Golgi apparatus	CC	482	3.49E-15
GO：0000139	Golgi membrane	CC	250	1.94E-13
GO：0044431	Golgi apparatus part	CC	284	6.73E-13

（续表）

基因编号 GO ID	GO 描述 GO description	分类 Taxonomy	基因数量 Number of genes	P 值 P-value
GO：0044424	intracellular part	CC	3 642	7.51E-13
GO：0044459	plasma membrane part	CC	713	2.43E-12
GO：0071944	cell periphery	CC	1 378	5.75E-11
GO：0005886	plasma membrane	CC	1 336	4.53E-10
GO：0031090	organelle membrane	CC	836	1.96E-09
GO：0016020	membrane	CC	2 432	2.34E-09
GO：0043231	intracellular membrane-bounded organelle	CC	2 878	2.54E-08
GO：0045121	membrane raft	CC	107	3.97E-08
GO：0043227	membrane-bounded organelle	CC	2 879	4.02E-08
GO：0005634	nucleus	CC	1 811	9.91E-08
GO：0005737	cytoplasm	CC	2 860	1.76E-07
GO：0070161	anchoring junction	CC	110	2.71E-07
GO：0005768	endosome	CC	229	6.34E-07
GO：0043229	intracellular organelle	CC	3 152	1.43E-06
GO：0031252	cell leading edge	CC	129	1.45E-06
GO：0005912	adherens junction	CC	102	1.72E-06
GO：0031253	cell projection membrane	CC	98	1.87E-06
GO：0043226	organelle	CC	3 154	2.42E-06
GO：0032587	ruffle membrane	CC	38	3.14E-06
GO：0001726	ruffle	CC	67	4.02E-06

附表 19　肾皮质下调表达基因的 GO 富集分析

Supplementary Table 19　GO enrichment analysis for transcriptional
down-regulation in renal cortex

GO 编号 GO ID	GO 描述 GO description	分类 Taxonomy	基因数量 Number of genes	P 值 P-value
GO：0030529	ribonucleoprotein complex	CC	203	1.41E-46
GO：0005840	ribosome	CC	123	2.65E-42
GO：0044391	ribosomal subunit	CC	97	1.41E-37
GO：0044424	intracellular part	CC	1 316	1.82E-37
GO：0043229	intracellular organelle	CC	1 193	3.54E-37
GO：0043226	organelle	CC	1 193	9.91E-37

（续表）

GO 编号 GO ID	GO 描述 GO description	分类 Taxonomy	基因数量 Number of genes	P 值 P-value
GO：0005622	intracellular	CC	1 331	5.43E−34
GO：0022626	cytosolic ribosome	CC	83	1.10E−33
GO：0032991	macromolecular complex	CC	598	2.09E−33
GO：0044446	intracellular organelle part	CC	861	2.97E−31
GO：0044422	organelle part	CC	868	5.90E−31
GO：0031974	membrane−enclosed lumen	CC	497	1.16E−25
GO：0044445	cytosolic part	CC	94	2.81E−25
GO：0070013	intracellular organelle lumen	CC	482	3.73E−24
GO：0044428	nuclear part	CC	458	1.17E−23
GO：0043228	non−membrane−bounded organelle	CC	542	1.31E−23
GO：0043232	intracellular non−membrane−bounded organelle	CC	542	1.31E−23
GO：0043233	organelle lumen	CC	484	1.64E−23
GO：0043227	membrane−bounded organelle	CC	1 061	3.37E−23
GO：0043231	intracellular membrane−bounded organelle	CC	1 060	3.58E−23
GO：0005739	mitochondrion	CC	274	2.98E−21
GO：0031981	nuclear lumen	CC	408	3.41E−20
GO：0015935	small ribosomal subunit	CC	43	5.16E−20
GO：0005737	cytoplasm	CC	1 040	6.20E−19
GO：0015934	large ribosomal subunit	CC	54	7.75E−17
GO：0044455	mitochondrial membrane part	CC	54	7.75E−17

附表 20　肾髓质上调表达基因的 GO 富集分析

Supplementary Table 20　GO enrichment analysis for transcriptional up−regulation in renal medulla

GO 编号 GO ID	GO 描述 GO description	分类 Taxonomy	基因数量 Number of genes	P 值 P-value
GO：0005739	mitochondrion	CC	118	2.13E−05
GO：0044455	mitochondrial membrane part	CC	23	5.80E−05
GO：0070469	respiratory chain	CC	14	0.00122
GO：0005746	mitochondrial respiratory chain	CC	13	0.00231
GO：0005740	mitochondrial envelope	CC	49	0.00343

（续表）

GO 编号 GO ID	GO 描述 GO description	分类 Taxonomy	基因数量 Number of genes	P 值 P-value
GO：0031966	mitochondrial membrane	CC	47	0.00 515
GO：0044429	mitochondrial part	CC	61	0.00 758
GO：0008083	growth factor activity	MF	21	0.00 222
GO：0015078	hydrogen ion transmembrane transporter activity	MF	16	0.00 309
GO：0017017	MAP kinase tyrosine/serine/ threonine phosphatase activity	MF	6	0.00 628
GO：0006006	glucose metabolic process	BP	26	4.11E-06
GO：0048856	anatomical structure development	BP	241	1.33E-05
GO：0005996	monosaccharide metabolic process	BP	29	3.51E-05
GO：0007275	multicellular organismal development	BP	242	3.81E-05
GO：0048545	response to steroid hormone stimulus	BP	42	3.87E-05
GO：0032502	developmental process	BP	264	4.00E-05
GO：0009719	response to endogenous stimulus	BP	79	4.50E-05
GO：0019318	hexose metabolic process	BP	28	4.67E-05
GO：0048731	system development	BP	213	4.94E-05
GO：0036293	response to decreased oxygen levels	BP	34	6.42E-05
GO：0070482	response to oxygen levels	BP	35	7.45E-05
GO：0009725	response to hormone stimulus	BP	67	8.43E-05

附表 21　肾髓质下调表达基因的 GO 富集分析结果

Supplementary Table 21　GO enrichment analysis for transcriptional

down-regulation in renal medulla

GO 编号 GO ID	GO 描述 GO description	分类 Taxonomy	基因数量 Number of genes	P 值 P-value
GO：0019219	regulation of nucleobase - containing compound metabolic process	BP	744	5.84E-05
GO：0080090	regulation of primary metabolic process	BP	926	0.00 011
GO：0031323	regulation of cellular metabolic process	BP	941	0.00 014
GO：0060255	regulation of macromolecule metabolic process	BP	884	0.00 019

GO 编号 GO ID	GO 描述 GO description	分类 Taxonomy	基因数量 Number of genes	P 值 P-value
GO：0019222	regulation of metabolic process	BP	1032	0.00 027
GO：0051171	regulation of nitrogen compound metabolic process	BP	752	0.00 058
GO：0060271	cilium morphogenesis	BP	41	0.00 143
GO：0010556	regulation of macromolecule biosynthetic process	BP	676	0.00 209
GO：0010927	cellular component assembly involved in morphogenesis	BP	53	0.00 277
GO：0042384	cilium assembly	BP	33	0.00 392
GO：2000112	regulation of cellular macromolecule biosynthetic process	BP	659	0.00 709
GO：0009889	regulation of biosynthetic process	BP	708	0.00 755
GO：0043412	macromolecule modification	BP	498	0.00 772
GO：0006464	cellular protein modification process	BP	474	0.00 964
GO：0036211	protein modification process	BP	474	0.00 964

附表 22　肾皮质差异表达基因的 KEGG 通路分析

Supplementary Table 22　KEGG pathway analysis of the different expressed genes in renal cortex

通路编号 Pathway ID	通路 Pathway	P 值 P-value	FDR 值 FDR
ko05220	Chronic myeloid leukemia	2.09E-11	5.37E-09
ko05200	Pathways in cancer	1.44E-08	1.85E-06
ko04010	MAPK signaling pathway	5.21E-07	4.47E-05
ko05223	Non-small cell lung cancer	1.30E-06	7.21E-05
ko05211	Renal cell carcinoma	1.44E-06	7.21E-05
ko04910	Insulin signaling pathway	1.68E-06	7.21E-05
ko04070	Phosphatidylinositol signaling system	4.97E-06	1.83E-04
ko00562	Inositol phosphate metabolism	6.52E-06	1.96E-04
ko05215	Prostate cancer	6.88E-06	1.96E-04
ko05221	Acute myeloid leukemia	1.06E-05	2.68E-04
ko05110	Vibrio cholerae infection	1.15E-05	2.68E-04
ko04810	Regulation of actin cytoskeleton	1.48E-05	3.18E-04
ko05213	Endometrial cancer	2.73E-05	5.40E-04

（续表）

通路编号 Pathway ID	通路 Pathway	P 值 P-value	FDR 值 FDR
ko05212	Pancreatic cancer	3.34E-05	6.12E-04
ko04330	Notch signaling pathway	4.02E-05	6.64E-04
ko05210	Colorectal cancer	4.13E-05	6.64E-04
ko05214	Glioma	4.56E-05	6.90E-04
ko04012	ErbB signaling pathway	5.90E-05	8.43E-04
ko04310	Wnt signaling pathway	7.28E-05	9.85E-04
ko04144	Endocytosis	8.12E-05	1.04E-03
ko04510	Focal adhesion	0.000 109	1.33E-03
ko04710	Circadian rhythm-mammal	0.000 127	1.49E-03
ko05222	Small cell lung cancer	0.000 181	2.01E-03
ko04380	Osteoclast differentiation	0.000 187	2.01E-03
ko04722	Neurotrophin signaling pathway	0.000 296	3.04E-03
ko04914	Progesterone-mediated oocyte maturation	0.000 392	3.88E-03
ko05160	Hepatitis C	0.000 465	4.43E-03
ko04120	Ubiquitin mediated proteolysis	0.000 669	6.14E-03

附表 23　肾髓质差异表达基因的 KEGG 通路分析

Supplementary Table 23　KEGG pathway analysis of the different expressed genes in renal medulla

通路编号 Pathway ID	通路 Pathway	P 值 P-value	FDR 值 FDR
ko04270	Vascular smooth muscle contraction	9.12E-12	2.33E-09
ko04530	Tight junction	1.96E-11	2.50E-09
ko05414	Dilated cardiomyopathy	5.22E-10	4.45E-08
ko05410	Hypertrophic cardiomyopathy（HCM）	6.96E-10	4.46E-08
ko04260	Cardiac muscle contraction	1.74E-09	8.90E-08
ko04810	Regulation of actin cytoskeleton	5.15E-09	2.20E-07
ko04971	Gastric acid secretion	3.04E-05	1.11E-03
ko05132	Salmonella infection	5.21E-05	1.67E-03
ko04725	Cholinergic synapse	0.000 395	1.12E-02
ko03018	RNA degradation	0.001 288	3.30E-02
ko04960	Aldosterone-regulated sodium reabsorption	0.001 921	3.83E-02
ko04070	Phosphatidylinositol signaling system	0.002 102	3.83E-02
ko00562	Inositol phosphate metabolism	0.002 231	3.83E-02
ko05210	Colorectal cancer	0.002 231	3.83E-02
ko02010	ABC transporters	0.002 246	3.83E-02

附表 24　肾皮质中醛固酮调节的钠重吸收通路的基因转录情况

Supplementary Table 24　Transcriptomic representation of genes（RPKM value）
of the aldosterone-regulated sodium reabsorption in renal cortex for control
group（CG）and water restriction（WR）

基因编号 Gene ID	基因名称 Gene Name	对照组 RPKM RPKM of CG	限水组 RPKM RPKM of WR
Ala_ bactrian_ 19666	ATP1A1	969. 6 041	2 029. 333
Ala_ bactrian_ 09473	ATP1A2	0. 423 061	4. 340 985
Ala_ bactrian_ 02829	ATP1A3	0. 026 519	0. 03 958
Ala_ bactrian_ 15986	ATP1B1	643. 19	1 515. 015
Ala_ bactrian_ 03560	ATP1B2	1. 664 985	4. 279 688
Ala_ bactrian_ 17974	ATP1B3	44. 82 502	75. 36 746
Ala_ bactrian_ 06438	ATP1B4	0. 001	0. 056 583
Ala_ bactrian_ 10566	FXYD2	13 675. 17	3 719. 378
Ala_ bactrian_ 14226	HSD11B2	263. 6 144	266. 1 665
Ala_ bactrian_ 10747	IGF1	0. 001	0. 977 202
Ala_ bactrian_ 04915	INSR	3. 811 468	48. 76 568
Ala_ bactrian_ 08579	IRS1	1. 235 333	11. 41 817
Ala_ bactrian_ 15617	IRS1	3. 442 249	3. 832 096
Ala_ bactrian_ 19183	KCNJ1	12. 99 699	49. 9 788
Ala_ bactrian_ 11246	KRAS	10. 62 523	4. 017 384
Ala_ bactrian_ 03613	MAPK1	25. 57 975	112. 1 624
Ala_ bactrian_ 14091	MAPK3	63. 08 033	99. 21 047
Ala_ bactrian_ 12234	NEDD4L	24. 43 165	55. 32 951
Ala_ bactrian_ 02710	NR3C2	1. 45 292	10. 44 292
Ala_ bactrian_ 09741	NR3C2	1. 279 598	9. 378 444
Ala_ bactrian_ 10426	PDPK1	1. 709 032	12. 70 805
Ala_ bactrian_ 03414	PIK3CA	2. 825 429	3. 482 737
Ala_ bactrian_ 10548	PIK3CB	7. 067 374	20. 73 427
Ala_ bactrian_ 14406	PIK3CD	0. 36 445	6. 391 293
Ala_ bactrian_ 00530	PIK3CG	0. 578 866	0. 971 948
Ala_ bactrian_ 02487	PIK3R1	8. 947 564	19. 11 318
Ala_ bactrian_ 08669	PIK3R2	5. 234 942	21. 47 223
Ala_ bactrian_ 18999	PIK3R3	0. 31 792	4. 151 824

附表 25　肾髓质中醛固酮调节的钠重吸收通路的基因转录情况

Supplementary Table 25　Transcriptomic representation of genes（RPKM value）

of the aldosterone-regulated sodium reabsorption（KEGG pathway：map04960）

in renal medulla for control group（CG）and water restriction（WR）

基因编号 Gene ID	基因名称 Gene Name	对照组 RPKM RPKM of CG	限水组 RPKM RPKM of WR
Ala_ bactrian_ 19666	ATP1A1	760. 4 723	1 294. 503
Ala_ bactrian_ 09473	ATP1A2	9. 048 243	5. 628 234
Ala_ bactrian_ 02829	ATP1A3	0. 001	0. 035 061
Ala_ bactrian_ 18032	ATP1A4	0. 001	0. 086 293
Ala_ bactrian_ 15986	ATP1B1	734. 045 1	929. 293 1
Ala_ bactrian_ 03560	ATP1B2	11. 336 6	10. 578 33
Ala_ bactrian_ 17974	ATP1B3	264. 905 4	295. 873 9
Ala_ bactrian_ 06438	ATP1B4	0. 052 207	0. 001
Ala_ bactrian_ 10566	FXYD2	1 434. 819	2 435. 334
Ala_ bactrian_ 14226	HSD11B2	44. 720 77	170. 955 1
Ala_ bactrian_ 10747	IGF1	1. 202 168	0. 577 09
Ala_ bactrian_ 04915	INSR	47. 849 68	29. 529 82
Ala_ bactrian_ 08579	IRS1	5. 372 007	5. 243 527
Ala_ bactrian_ 15617	IRS1	55. 988 81	24. 620 09
Ala_ bactrian_ 19183	KCNJ1	4. 645 581	9. 906 204
Ala_ bactrian_ 11246	KRAS	26. 727 15	8. 241 25
Ala_ bactrian_ 03613	MAPK1	93. 300 24	67. 527 3
Ala_ bactrian_ 14091	MAPK3	109. 557 7	168. 866 8
Ala_ bactrian_ 12234	NEDD4L	95. 275 98	60. 554 38
Ala_ bactrian_ 02710	NR3C2	16. 690 61	8. 037 454
Ala_ bactrian_ 09741	NR3C2	19. 603 26	7. 582 675
Ala_ bactrian_ 10426	PDPK1	17. 987 09	4. 115 529
Ala_ bactrian_ 03414	PIK3CA	20. 878 33	7. 087 426
Ala_ bactrian_ 10548	PIK3CB	33. 641 24	16. 528 66
Ala_ bactrian_ 14406	PIK3CD	6. 040 39	2. 667 32
Ala_ bactrian_ 00530	PIK3CG	3. 819 612	1. 849 515
Ala_ bactrian_ 02487	PIK3R1	56. 062 32	53. 306 89
Ala_ bactrian_ 08669	PIK3R2	21. 856 66	33. 721 96
Ala_ bactrian_ 18999	PIK3R3	10. 105 82	4. 448 402
Ala_ bactrian_ 00529	PIK3R5	2. 014 502	0. 834 712

基因编号 Gene ID	基因名称 Gene Name	对照组 RPKM RPKM of CG	限水组 RPKM RPKM of WR
Ala_ bactrian_ 11097	PRKCA	38. 44 802	12. 3 661
Ala_ bactrian_ 01079	PRKCB	4. 039 731	1. 569 154
Ala_ bactrian_ 02418	PRKCG	0. 982 431	0. 764 768
Ala_ bactrian_ 09164	SCNN1A	103. 7 192	161. 3 396
Ala_ bactrian_ 16445	SCNN1B	0. 602 713	14. 17 702
Ala_ bactrian_ 00164	SCNN1G	0. 056 764	7. 139 243
Ala_ bactrian_ 15032	SFN	11. 309 77	16. 182 38

附表 26　肾髓质中参与糖酵解和糖异生通路的基因转录情况

Supplementary Table 26　Transcriptomic representation of genes（RPKM value）of glycolysis/gluconeogenesis（KEGG pathway：map00010）in renal medulla for control group（CG）and water restriction（WR）

基因编号 Gene ID	基因名称 Gene Name	对照组 RPKM RPKM of CG	限水组 RPKM RPKM of WR
Ala_ bactrian_ 16970	ACSS1	29. 387 79	54. 065 2
Ala_ bactrian_ 06752	ACSS2	20. 332 78	24. 259 52
Ala_ bactrian_ 08001	ADH6	0. 050 226	0. 001
Ala_ bactrian_ 13819	ADPGK	11. 526 88	16. 383 14
Ala_ bactrian_ 18432	AKR1A1	86. 260 5	191. 116 5
Ala_ bactrian_ 09342	ALDH1A3	80. 504 55	56. 828 34
Ala_ bactrian_ 03694	ALDH2	89. 114 87	122. 924 2
Ala_ bactrian_ 05238	ALDH3A1	0. 581 767	0. 359 064
Ala_ bactrian_ 10417	ALDH3A2	63. 279 63	62. 813 09
Ala_ bactrian_ 17138	ALDH3B1	1. 437 938	0. 766 966
Ala_ bactrian_ 19477	ALDH3B1	11. 369 24	10. 990 17
Ala_ bactrian_ 09679	ALDH7A1	41. 082 42	21. 385 28
Ala_ bactrian_ 15630	ALDH9A1	172. 938 2	192. 279 5
Ala_ bactrian_ 12915	ALDOA	316. 878 3	816. 586 6
Ala_ bactrian_ 15969	ALDOB	17. 428 45	11. 910 63
Ala_ bactrian_ 03425	ALDOC	26. 570 88	53. 063 08
Ala_ bactrian_ 10641	BPGM	6. 771 827	3. 900 907
Ala_ bactrian_ 02598	DLAT	29. 973 81	26. 058 85
Ala_ bactrian_ 18581	DLD	53. 377 69	36. 137 89

（续表）

基因编号 Gene ID	基因名称 Gene Name	对照组 RPKM RPKM of CG	限水组 RPKM RPKM of WR
Ala_ bactrian_ 04719	ENO1	410. 291 6	970. 958 4
Ala_ bactrian_ 08331	ENO2	13. 846 81	6. 503 871
Ala_ bactrian_ 05251	ENO3	4. 250 785	2. 775 15
Ala_ bactrian_ 05560	FBP1	51. 390 61	119. 358 9
Ala_ bactrian_ 16039	FBP2	0. 163 53	0. 209 337
Ala_ bactrian_ 12581	G6PC	0. 216 133	0. 001
Ala_ bactrian_ 02137	G6PC2	0. 051 625	0. 001
Ala_ bactrian_ 11977	G6PC3	20. 830 07	30. 459 38

参考文献

[1] C. elegans Sequencing Consortium. Genome sequence of the nematode C. elegans: a platform for investigating biology [J]. Science, 1998, 282 (5396): 2 012-2 018.

[2] Adams M D, Celniker S E, Holt R A, et al. The genome sequence of Drosophila melanogaster [J]. Science, 2000, 287 (5461): 2 185-2 195.

[3] Chinwalla A T, Cook L L, Delehaunty K D, et al. Initial sequencing and comparative analysis of the mouse genome [J]. Nature, 2002, 420 (6915): 520-562.

[4] Xia Q, Zhou Z, Lu C, et al. A draft sequence for the genome of the domesticated silkworm (Bombyx mori) [J]. Science, 2004, 306 (5703): 1 937-1 940.

[5] Hillier L W, Miller W, Birney E, et al. Sequence and comparative analysis of the chicken genome provide unique perspectives on vertebrate evolution [J]. Nature, 2004, 432 (7018): 695-716.

[6] Lindblad-Toh K, Wade C M, Mikkelsen T S, et al. Genome sequence, comparative analysis and haplotype structure of the domestic dog [J]. Nature, 2005, 438 (7069): 803-819.

[7] Honeybee Genome Sequencing Consortium. Insights into social insects from the genome of the honeybee Apis mellifera [J]. Nature, 2006, 443 (7114): 931.

[8] Pontius J U, Mullikin J C, Smith D R, et al. Initial sequence and comparative analysis of the cat genome [J]. Genome Res, 2007, 17 (11): 1 675-1 689.

[9] Wade C, Giulotto E, Sigurdsson S, et al. Genome sequence, comparative analysis, and population genetics of the domestic horse [J]. Science, 2009, 326 (5954): 865-867.

[10] Elsik C G, Tellam R L, Worley K C. The genome sequence of taurine cattle: a window to ruminant biology and evolution [J]. Science, 2009, 324 (5926): 522-528.

[11] Dong Y, Xie M, Jiang Y, et al. Sequencing and automated whole-genome optical mapping of the genome of a domestic goat (Capra hircus) [J]. Nat Biotechnol, 2013, 31 (2): 135-141.

[12] Qiu Q, Zhang G, Ma T, et al. The yak genome and adaptation to life at high altitude [J]. Nat Genet, 2012, 44 (8): 946-949.

[13] Jirimutu, Wang Z, Ding G, et al. Genome sequences of wild and domestic bactrian

camels ［J］. Nat Commun, 2012, 3: 1202.

［14］ Burger P A, Palmieri N. Estimating the Population Mutation Rate from a de novo Assembled Bactrian Camel Genome and Cross-Species Comparison with Dromedary ESTs ［J］. J Hered, 2013: est005.

［15］ Groenen M A, Archibald A L, Uenishi H, et al. Analyses of pig genomes provide insight into porcine demography and evolution ［J］. Nature, 2012, 491 (7424): 393-398.

［16］ Xia Q, Guo Y, Zhang Z, et al. Complete resequencing of 40 genomes reveals domestication events and genes in silkworm (Bombyx) ［J］. Science, 2009, 326 (5951): 433-436.

［17］ Janis C M, Scott K M, Jacobs L L. Evolution of Tertiary Mammals of North America: Terrestrial carnivores, ungulates, and ungulatelike mammals ［M］. Cambridge University Press, 1998.

［18］ Alroy J. New methods for quantifying macroevolutionary patterns and processes ［J］. Paleobiology, 2000, 26 (4): 707-733.

［19］ Woodburne M O. Cenozoic mammals of North America: geochronology and biostratigraphy ［M］. University of California Press, 1987.

［20］ Martin P S, Klein R G. Quaternary extinctions: a prehistoric revolution ［M］. University of Arizona Press, 1984.

［21］ Kurteén B r, Anderson E. Pleistocene mammals of North America ［M］. Columbia University Press, 1980.

［22］ Behrensmeyer A K, and A. Turner. Taxonomic occurrences of Suidae recorded in the Paleobiology Database. Fossilworks ［DB］. 2013.

［23］ Moyà-Solà S, Agustí J. Bioevents and mammal successions in the Spanish Miocene ［M］. European Neogene mammal chronology. Springer. 1989: 357-373.

［24］ Pickford M. First fossil camels from Europe ［J］. Nature, 1993, 365: 701.

［25］ Pickford M, Morales J, Soria D. Fossil camels from the Upper Miocene of Europe: implications for biogeography and faunal change ［J］. Geobios, 1995, 28 (5): 641-650.

［26］ Webb S. Pleistocene llamas of Florida, with a brief review of the Lamini ［J］. Pleistocene mammals of Florida (SD Webb, ed) University Presses of Florida, Gainesville, 1974: 170-213.

［27］ Marshall L G, Webb S D, Sepkoski J J, Jr., et al. Mammalian evolution and the great american interchange ［J］. Science, 1982, 215 (4538): 1 351-1 357.

［28］ McKenna M C. Synopsis of Whitneyan and Arikareean camelid phylogeny ［J］. American Museum novitates, 1966: 2253.

［29］ Retallack G J. Late Oligocene bunch grassland and early Miocene sod grassland paleosols from central Oregon, USA ［J］. Palaeogeography, Palaeoclimatology,

Palaeoecology, 2004, 207 (3): 203-237.

[30] Peterson O A. Osteology of Oxydactylus: A New Genus of Camels from the Loup Fork of Nebraska, with Descriptions of Two New Species [M]. 1904.

[31] Honey J G, Taylor B E. A generic revision of the Protolabidini (Mammalia, Camelidae) with a description of two new protolabidines [J]. Bulletin of the AMNH; v. 161, article 3. 1978.

[32] Frick C, Taylor B E. Michenia, a new protolabine (Mammalia, Camelidae) and a brief review of the early taxonomic history of the genus Protolabis [J]. American Museum novitates; 1971, 2 444.

[33] Stanley H F, Kadwell M, Wheeler J C. Molecular evolution of the family Camelidae: a mitochondrial DNA study [J]. Proc Biol Sci, 1994, 256 (1345): 1-6.

[34] Macfadden B J, Johnson N M, Opdyke N D. Magnetic polarity stratigraphy of the Mio-Pliocene mammal-bearing Big Sandy Formation of western Arizona [J]. Earth and Planetary Science Letters, 1979, 44 (3): 349-364.

[35] Steininger F, Berggren W A, Kent D V, et al. Circum-Mediterranean Neogene (Miocene and Pliocene) marine-continental chronologic correlations of European mammal units [J]. The evolution of western Eurasian Neogene mammal faunas, 1996: 7-46.

[36] Webb S D. A history of savanna vertebrates in the New World. Part I: North America [J]. Annual Review of Ecology and Systematics, 1977, 8: 355-380.

[37] Clark J, Beerbower J R, Kietzke K K. Oligocene Sedimentation, Stratigraphy, Paleoecology and Paleoclimatology: In the Big Badlands of South Dakota [M]. Field Museum of Natural History, 1967.

[38] Wall W P, Hauptman J. A craniodental interpretation of the dietary habits of Poebrotherium wilsoni (Camelidae) from the Oligocene of Badlands National Park, South Dakota; proceedings of the Proceedings of the 6th Fossil Resource Conference, F, 2001 [C]. Citeseer.

[39] Janis C M, Theodor J M, Boisvert B. Locomotor evolution in camels revisited: a quantitative analysis of pedal anatomy and the acquisition of the pacing gait [J]. Journal of vertebrate paleontology, 2002, 22 (1): 110-121.

[40] Webb S D. Locomotor evolution in camels [J]. Forma et Functio, 1972, (5): 99-112.

[41] Munthe J. Summary of Miocene vertebrate fossils of the Granite Mountains Basin, central Wyoming [J]. Rocky Mountain Geology, 1979, 18 (1): 33-46.

[42] Janis C. Evolution of horns in ungulates: ecology and paleoecology [J]. Biological Reviews, 1982, 57 (2): 261-318.

[43] Dompierre H, Churcher C. Premaxillary shape as an indicator of the diet of seven extinct late Cenozoic New World camels [J]. Journal of vertebrate paleontology, 1996, 16 (1): 141-148.

［44］ Voorhies M, Gustavson T C. Vertebrate biostratigraphy of the Ogallala Group in Nebraska ［J］. Geologic Framework and Regional Hydrology, 1990: 115-151.

［45］ Werdelin L, Sanders W J. Cenozoic mammals of Africa ［M］. University of California Press, 2010.

［46］ Rossner G E, Heissig K, Alcover J A. The Miocene land mammals of Europe ［M］. F. Pfeil, 1999.

［47］ Stirton R. Observations on evolutionary rates in hypsodonty ［J］. Evolution, 1947, 1 (1): 32-41.

［48］ Janis C M. An estimation of tooth volume and hypsodonty indices in ungulate mammals, and the correlation of these factors with dietary preference; proceedings of the Teeth revisited: proceedings of the VIIth international symposium on dental morphology, F, 1988 ［C］. Mémoirs de Musée d'Histoire naturelle du Paris Paris.

［49］ Kadim I T, Mahgoub, O., Faye, B., & Farouk, M. M. Camel meat and meat products ［M］. CABI, 2013.

［50］ Louw G, Seely M. Ecology of desert organisms ［M］. Longman, 1982.

［51］ 宁夏农学院. 养驼学 ［M］. 第二版. 中国农业出版社, 1983.

［52］ Schmidt-Nielsen K. The physiology of the camel ［J］. Sci Am, 1959, 201: 140-151.

［53］ Ingram D L, Mount L E. Man and animals in hot environments ［M］. Springer, 1975.

［54］ Wilson R T. Ecophysiology of the Camelidae and desert ruminants ［M］. Springer-Verlag, 1989.

［55］ Yagil R, Sod-Moriah U A, Meyerstein N. Dehydration and camel blood. I. Red blood cell survival in the one-humped camel Camelus dromedarius ［J］. Am J Physiol, 1974, 226 (2): 298-300.

［56］ Jassim S A, Naji M A. The Desert Ship heritage and science ［J］. Biologist (London), 2001, 48 (6): 268-272.

［57］ Schroter R C, Zine Filali R, Brain A P, et al. Influence of dehydration and watering on camel red cell size: a scanning electron microscopic study ［J］. Respir Physiol, 1990, 81 (3): 381-390.

［58］ Bogner P, Miseta A, Berente Z, et al. Osmotic and diffusive properties of intracellular water in camel erythrocytes: effect of hemoglobin crowdedness ［J］. Cell Biol Int, 2005, 29 (9): 731-736.

［59］ Perk K. Osmotic hemolysis of the camel's erythrocytes. I. A microcinematographic study ［J］. Journal of Experimental Zoology, 1966, 163 (3): 241-246.

［60］ Schmidt-Nielsen B, O'Dell R. Structure and concentrating mechanism in the mammalian kidney ［J］. American Journal of Physiology--Legacy Content, 1961, 200 (6): 1119-1124.

［61］ Abdalla M A, Abdalla O. Morphometric observations on the kidney of the camel, Camelus dromedarius ［J］. J Anat, 1979, 129 (Pt 1): 45-50.

[62] Maloiy G, Taylor C, Clemens E. A comparison of gastrointestinal water content and osmolality in East African herbivores during hydration and dehydration [J]. The Journal of Agricultural Science, 1978, 91 (01): 249-252.

[63] Schmidt-Nielsen K, Schroter R C, Shkolnik A. Desaturation of exhaled air in camels [J]. Proc R Soc Lond B Biol Sci, 1981, 211 (1184): 305-319.

[64] Jenkinson D M. Evaporative temperature regulation in domestic animals [C]. proceedings of the Symp Zool Soc Lond, F, 1972.

[65] Schmidt-Nielsen K, Crawford E C, Hammel H T. Respiratory water loss in camels [J]. Proc R Soc Lond B Biol Sci, 1981, 211 (1184): 291-303.

[66] Elkhawad A O, Al-Zaid N S, Bou-Resli M N. Facial vessels of desert camel (Camelus dromedarius): role in brain cooling [J]. Am J Physiol, 1990, 258 (3 Pt 2): R602-607.

[67] Elkhawad A O. Selective brain cooling in desert animals: the camel (Camelus dromedarius) [J]. Comp Biochem Physiol Comp Physiol, 1992, 101 (2): 195-201.

[68] Hamers-Casterman C, Atarhouch T, Muyldermans S, et al. Naturally occurring antibodies devoid of light chains [J]. Nature, 1993, 363 (6428): 446-448.

[69] Agrawal R P, Beniwal R, Kochar D K, et al. Camel milk as an adjunct to insulin therapy improves long-term glycemic control and reduction in doses of insulin in patients with type-1 diabetes A 1 year randomized controlled trial [J]. Diabetes Res Clin Pract, 2005, 68 (2): 176-177.

[70] Agrawal R P, Budania S, Sharma P, et al. Zero prevalence of diabetes in camel milk consuming Raica community of north-west Rajasthan, India [J]. Diabetes Res Clin Pract, 2007, 76 (2): 290-296.

[71] Agrawal R P, Saran S, Sharma P, et al. Effect of camel milk on residual beta-cell function in recent onset type 1 diabetes [J]. Diabetes Res Clin Pract, 2007, 77 (3): 494-495.

[72] Agrawal R P, Dogra R, Mohta N, et al. Beneficial effect of camel milk in diabetic nephropathy [J]. Acta Biomed, 2009, 80 (2): 131-134.

[73] Sharmanov T, Zhangabylov A K, Zhaksylykova R D. Mechanism of the therapeutic action of whole mare's and camel's milk in chronic hepatitis [J]. Vopr Pitan, 1982, (1): 17-23.

[74] Shabo Y, Barzel R, Margoulis M, et al. Camel milk for food allergies in children [J]. Isr Med Assoc J, 2005, 7 (12): 796-798.

[75] Ehlayel M S, Hazeima K A, Al-Mesaifri F, et al. Camel milk: an alternative for cow's milk allergy in children [J]. Allergy Asthma Proc, 2011, 32 (3): 255-258.

[76] Cardoso R R, Santos R M, Cardoso C R, et al. Consumption of camel's milk by patients intolerant to lactose. A preliminary study [J]. Rev Alerg Mex, 2010, 57

（1）: 26−32.

[77] Darwish H A, Abd Raboh N R, Mahdy A. Camel's milk alleviates alcohol−induced liver injury in rats [J]. Food Chem Toxicol, 2012, 50 (5): 1 377−1 383.

[78] Korashy H M, El Gendy M A, Alhaider A A, et al. Camel milk modulates the expression of aryl hydrocarbon receptor−regulated genes, Cyp1a1, Nqo1, and Gsta1, in murine hepatoma Hepa 1c1c7 cells [J]. J Biomed Biotechnol, 2012, 2012.

[79] Korashy H M, Maayah Z H, Abd−Allah A R, et al. Camel milk triggers apoptotic signaling pathways in human hepatoma HepG2 and breast cancer MCF7 cell lines through transcriptional mechanism [J]. BioMed Research International, 2012.

[80] Alhaidar A, Abdel Gader A G, Mousa S A. The antiplatelet activity of camel urine [J]. J Altern Complement Med, 2011, 17 (9): 803−808.

[81] Alhaider A A, El Gendy M A, Korashy H M, et al. Camel urine inhibits the cytochrome P450 1a1 gene expression through an AhR−dependent mechanism in Hepa 1c1c7 cell line [J]. J Ethnopharmacol, 2011, 133 (1): 184−190.

[82] Al−Yousef N, Gaafar A, Al−Otaibi B, et al. Camel urine components display anti−cancer properties in vitro [J]. J Ethnopharmacol, 2012, 143 (3): 819−825.

[83] Alhaider A A, Bayoumy N, Argo E, et al. Survey of the camel urinary proteome by shotgun proteomics using a multiple database search strategy [J]. Proteomics, 2012, 12 (22): 3 403−3 406.

[84] Reynafarje C, Faura J, Villavicencio D, et al. Oxygen transport of hemoglobin in high−altitude animals (Camelidae) [J]. J Appl Physiol, 1975, 38 (5): 806−810.

[85] Dransart P. Earth, water, fleece and fabric: An ethnography and archaeology of Andean camelid herding [M]. Routledge, 2012.

[86] Huerta M, Downing G, Haseltine F, et al. NIH working definition of bioinformatics and computational biology [J]. US National Institute of Health, 2000.

[87] Xu D. Applications of fuzzy logic in bioinformatics [M]. Imperial College Press, 2008.

[88] Chaitin G J. On the length of programs for computing finite binary sequences [J]. Journal of the ACM (JACM), 1966, 13 (4): 547−569.

[89] Shannon C E. The Mathematical Theory of Communication [M]. The University of Illionois Press, 1962.

[90] Chomsky N. On certain formal properties of grammars [J]. Information and control, 1959, 2 (2): 137−167.

[91] Martin−Löf P. The definition of random sequences [J]. Information and control, 1966, 9 (6): 602−619.

[92] Von Neumann J, Morgenstern O. Theory of Games and Economic Behavior (60th Anniversary Commemorative Edition) [M]. Princeton university press, 2007.

[93] Neumann J v, Burks A W. Theory of self−reproducing automata [J]. 1966.

[94] Zuckerkandl E, Pauling L. Molecules as documents of evolutionary history [J].

Journal of theoretical biology, 1965, 8 (2): 357-366.

[95] Fitch W M, Margoliash E. Construction of phylogenetic trees [J]. Science, 1967, 155 (760): 279-284.

[96] Dayhoff M O. Atlas of protein sequence and structure [J]. 1965.

[97] Gibbs A J, McIntyre G A. The diagram, a method for comparing sequences [J]. European Journal of Biochemistry, 1970, 16 (1): 1-11.

[98] Needleman S B, Wunsch C D. A general method applicable to the search for similarities in the amino acid sequence of two proteins [J]. J Mol Biol, 1970, 48 (3): 443-453.

[99] King J L, Jukes T H. Non-Darwinian evolution [J]. Science, 1969, 164 (3881): 788-798.

[100] Clarke B. Selective constraints on amino-acid substitutions during the evolution of proteins [J]. 1970.

[101] Epstein C J. Non-randomness of amino-acid changes in the evolution of homologous proteins [J]. Nature, 1967, 215 (5099): 355-359.

[102] Krzywicki A, Slonimski P P. Formal analysis of protein sequences. I. Specific long-range constraints in pair associations of amino acids [J]. J Theor Biol, 1967, 17 (1): 136-158.

[103] Pain R H, Robson B. Analysis of the code relating sequence to secondary structure in proteins [J]. Nature, 1970, 227 (5253): 62-63.

[104] Ptitsyn O B. Statistical analysis of the distribution of amino acid residues among helical and non-helical regions in globular proteins [J]. J Mol Biol, 1969, 42 (3): 501-510.

[105] Dunnill P. The use of helical net-diagrams to represent protein structures [J]. Biophys J, 1968, 8 (7): 865-875.

[106] Ohno S. Evolution by gene duplication [M]. City: London: George Alien & Unwin Ltd. Berlin, Heidelberg and New York: Springer-Verlag, 1970.

[107] Koch R E. The influence of neighboring base pairs upon base-pair substitution mutation rates [J]. Proceedings of the National Academy of Sciences, 1971, 68 (4): 773-776.

[108] Fitch W M. Toward defining the course of evolution: minimum change for a specific tree topology [J]. Syst Biol, 1971, 20 (4): 406-416.

[109] Kimura M. The rate of molecular evolution considered from the standpoint of population genetics [J]. Proc Natl Acad Sci U S A, 1969, 63 (4): 1 181-1 188.

[110] Ohta T, Kimura M. Functional organization of genetic material as a product of molecular evolution [J]. Nature, 1971, 233 (5315): 118-119.

[111] Kimura M. The neutral theory of molecular evolution [M]. Cambridge University Press, 1984.

[112] Jukes T H, Holmquist R. Evolutionary clock: nonconstancy of rate in different species [J]. Science, 1972, 177 (4048): 530-532.

[113] Kimura M, Ohta T. On some principles governing molecular evolution [J]. Proceedings of the National Academy of Sciences, 1974, 71 (7): 2 848-2 852.

[114] Sankoff D, Cedergren R. A test for nucleotide sequence homology [J]. J Mol Biol, 1973, 77 (1): 159-164.

[115] Beyer W A, Stein M L, Smith T F, et al. A molecular sequence metric and evolutionary trees [J]. Mathematical Biosciences, 1974, 19 (1): 9-25.

[116] Gordon A. A sequence-comparison statistic and algorithm [J]. Biometrika, 1973, 60 (1): 197-200.

[117] Novotn ý J. Genealogy of immunoglobulin polypeptide chains: A consequence of amino acid interactions, conserved in their tertiary structures [J]. Journal of theoretical biology, 1973, 41 (1): 171-180.

[118] Holmquist R, Jukes T H, Pangburn S. Evolution of transfer RNA [J]. J Mol Biol, 1973, 78 (1): 91-116.

[119] Ouzounis C A, Valencia A. Early bioinformatics: the birth of a discipline—a personal view [J]. Bioinformatics, 2003, 19 (17): 2 176-2 190.

[120] Ullman J, Aho A, Hirschberg D. Bounds on the complexity of the longest common subsequence problem [J]. Journal of the ACM (JACM), 1976, 23 (1): 1-12.

[121] Waterman M S, Smith T F. On the similarity of dendrograms [J]. Journal of theoretical biology, 1978, 73 (4): 789-800.

[122] Chothia C. Structural invariants in protein folding [J]. Nature, 1975, 254 (5498): 304-308.

[123] Chothia C, Levitt M, Richardson D. Structure of proteins: packing of alpha-helices and pleated sheets [J]. Proceedings of the National Academy of Sciences, 1977, 74 (10): 4 130-4 134.

[124] Devereux J, Haeberli P, Smithies O. A comprehensive set of sequence analysis programs for the VAX [J]. Nucleic Acids Res, 1984, 12 (1Part1): 387-395.

[125] Maizel J V, Lenk R P. Enhanced graphic matrix analysis of nucleic acid and protein sequences [J]. Proceedings of the National Academy of Sciences, 1981, 78 (12): 7 665-7 669.

[126] Grantham R, Gautier C, Gouy M, et al. Codon catalog usage and the genome hypothesis [J]. Nucleic Acids Res, 1980, 8 (1): 197-197.

[127] Trifonov E N, Sussman J L. The pitch of chromatin DNA is reflected in its nucleotide sequence [J]. Proceedings of the National Academy of Sciences, 1980, 77 (7): 3 816-3 820.

[128] Nussinov R, Jacobson A B. Fast algorithm for predicting the secondary structure of single-stranded RNA [J]. Proceedings of the National Academy of Sciences, 1980,

77（11）：6 309-6 313.

[129] Smith T F, Waterman M S. Comparison of biosequences［J］. Advances in applied mathematics, 1981, 2（4）：482-489.

[130] Smith T F, Waterman M S. Identification of common molecular subsequences［J］. J Mol Biol, 1981, 147（1）：195-197.

[131] Lipman D J, Pearson W R. Rapid and sensitive protein similarity searches［J］. Science, 1985, 227（4693）：1 435-1 441.

[132] Wilbur W J, Lipman D J. Rapid similarity searches of nucleic acid and protein data banks［J］. Proceedings of the National Academy of Sciences, 1983, 80（3）：726-730.

[133] Sellers P H. The theory and computation of evolutionary distances: pattern recognition ［J］. Journal of algorithms, 1980, 1（4）：359-373.

[134] Ukkonen E. Algorithms for approximate string matching［J］. Information and control, 1985, 64（1）：100-118.

[135] Guibas L, Odlyzko A. Long repetitive patterns in random sequences［J］. Zeitschrift für Wahrscheinlichkeitstheorie und verwandte Gebiete, 1980, 53（3）：241-262.

[136] Brutlag D L, Clayton J, Friedland P, et al. SEQ: a nucleotide sequence analysis and recombination system［J］. Nucleic Acids Res, 1982, 10（1）：279-294.

[137] Fickett J W. Recognition of protein coding regions in DNA sequences［J］. Nucleic Acids Res, 1982, 10（17）：5 303-5 318.

[138] Shepherd J. Method to determine the reading frame of a protein from the purine/pyrimidine genome sequence and its possible evolutionary justification［J］. Proceedings of the National Academy of Sciences, 1981, 78（3）：1 596-1 600.

[139] Stormo G D, Schneider T D, Gold L, et al. Use of the 'Perceptron' algorithm to distinguish translational initiation sites in E. coli［J］. Nucleic Acids Res, 1982, 10（9）：2 997-3 011.

[140] Altschuh D, Vernet T, Berti P, et al. Coordinated amino acid changes in homologous protein families［J］. Protein Eng, 1988, 2（3）：193-199.

[141] Flower D R, North A C, Attwood T K. Structure and sequence relationships in the lipocalins and related proteins［J］. Protein Science, 1993, 2（5）：753-761.

[142] Bashford D, Chothia C, Lesk A M. Determinants of a protein fold: Unique features of the globin amino acid sequences［J］. J Mol Biol, 1987, 196（1）：199-216.

[143] Lesk A M, Chothia C. How different amino acid sequences determine similar protein structures: the structure and evolutionary dynamics of the globins［J］. J Mol Biol, 1980, 136（3）：225-270.

[144] Lesk A M, Chothia C. Evolution of proteins formed by β-sheets: II. The core of the immunoglobulin domains［J］. J Mol Biol, 1982, 160（2）：325-342.

[145] Rhee S Y, Dickerson J, Xu D. Bioinformatics and its applications in plant biology

[J]. Annu Rev Plant Biol, 2006, 57: 335-360.

[146]   Sanger F, Nicklen S, Coulson A R. DNA sequencing with chain-terminating inhibitors [J]. Proceedings of the National Academy of Sciences, 1977, 74 (12): 5 463-5 467.

[147]   Jorgenson J W, Lukacs K D. Free-zone electrophoresis in glass capillaries [J]. Clin Chem, 1981, 27 (9): 1 551-1 553.

[148]   Jorgenson J W, Lukacs K. Capillary zone electrophoresis [J]. Science, 1983, 222 (4621): 266-272.

[149]   Huang X C, Quesada M A, Mathies R A. DNA sequencing using capillary array electrophoresis [J]. Anal Chem, 2002, 64 (18): 2 149-2 154.

[150]   Cohen A, Najarian D, Paulus A, et al. Rapid separation and purification of oligonucleotides by high-performance capillary gel electrophoresis [J]. Proceedings of the National Academy of Sciences, 1988, 85 (24): 9 660-9 663.

[151]   Lander E S, Linton L M, Birren B, et al. Initial sequencing and analysis of the human genome [J]. Nature, 2001, 409 (6822): 860-921.

[152]   International Human Genome Sequencing C. Finishing the euchromatic sequence of the human genome [J]. Nature, 2004, 431 (7011): 931-945.

[153]   Venter J C, Adams M D, Myers E W, et al. The sequence of the human genome [J]. Science, 2001, 291 (5507): 1 304-1 351.

[154]   Schuster S C. Next-generation sequencing transforms today's biology [J]. Nature methods, 2008, 5 (1): 16-18.

[155]   Pushkarev D, Neff N F, Quake S R. Single-molecule sequencing of an individual human genome [J]. Nat Biotechnol, 2009, 27 (9): 847-850.

[156]   Eid J, Fehr A, Gray J, et al. Real-time DNA sequencing from single polymerase molecules [J]. Science, 2009, 323 (5910): 133-138.

[157]   Boland J F, Chung C C, Roberson D, et al. The new sequencer on the block: comparison of Life Technology's Proton sequencer to an Illumina HiSeq for whole-exome sequencing [J]. Human genetics, 2013, 132 (10): 1 153-1 163.

[158]   Clarke J, Wu H-C, Jayasinghe L, et al. Continuous base identification for single-molecule nanopore DNA sequencing [J]. Nature nanotechnology, 2009, 4 (4): 265-270.

[159]   WU H, GUANG X, AL-FAGEEH M B, et al. Camelid genomes reveal evolution and adaptation to desert environments [J]. Nature communications, 2014, 5: 5188.

[160]   Li R, Fan W, Tian G, et al. The sequence and de novo assembly of the giant panda genome [J]. Nature, 2010, 463 (7279): 311-317.

[161]   Li R, Zhu H, Ruan J, et al. De novo assembly of human genomes with massively parallel short read sequencing [J]. Genome Res, 2010, 20 (2): 265-272.

［162］ Li R, Li Y, Kristiansen K, et al. SOAP: short oligonucleotide alignment program ［J］. Bioinformatics, 2008, 24 (5): 713-714.

［163］ Zerbino D R, Birney E. Velvet: algorithms for de novo short read assembly using de Bruijn graphs ［J］. Genome Res, 2008, 18 (5): 821-829.

［164］ Simpson J T, Durbin R. Efficient de novo assembly of large genomes using compressed data structures ［J］. Genome Res, 2012, 22 (3): 549-556.

［165］ Butler J, MacCallum I, Kleber M, et al. ALLPATHS: de novo assembly of whole-genome shotgun microreads ［J］. Genome Res, 2008, 18 (5): 810-820.

［166］ Kim E B, Fang X, Fushan A A, et al. Genome sequencing reveals insights into physiology and longevity of the naked mole rat ［J］. Nature, 2011, 479 (7372): 223-227.

［167］ DOLEŽEL J, Bartoš J. Plant DNA flow cytometry and estimation of nuclear genome size ［J］. Annals of Botany, 2005, 95 (1): 99-110.

［168］ Doležel J, Greilhuber J, Lucretti S, et al. Plant genome size estimation by flow cytometry: inter-laboratory comparison ［J］. Annals of Botany, 1998, 82 (suppl 1): 17-26.

［169］ Vinogradov A E. Genome size and GC - percent in vertebrates as determined by flow cytometry: the triangular relationship ［J］. Cytometry, 1998, 31 (2): 100-109.

［170］ Gregory T R. Genome size evolution in animals ［J］. The evolution of the genome, 2005, 1: 4-87.

［171］ Wilhelm J, Pingoud A, Hahn M. Real - time PCR - based method for the estimation of genome sizes ［J］. Nucleic Acids Res, 2003, 31 (10): e56-e56.

［172］ Jeyaprakash A, Hoy M A. The nuclear genome of the phytoseiid Metaseiulus occidentalis (Acari: Phytoseiidae) is among the smallest known in arthropods ［J］. Experimental and applied acarology, 2009, 47 (4): 263-273.

［173］ Gregory T R. Animal Genome Size Database ［DB］. 2014.

［174］ Benson G. Tandem repeats finder: a program to analyze DNA sequences ［J］. Nucleic Acids Res, 1999, 27 (2): 573-580.

［175］ Smit A, Hubley, R & Green, P. RepeatMasker Open-3. 0. ［CP］. 1996—2010.

［176］ Jurka J, Kapitonov V V, Pavlicek A, et al. Repbase Update, a database of eukaryotic repetitive elements ［J］. Cytogenet Genome Res, 2005, 110 (1-4): 462-467.

［177］ Smit A, Hubley, R & Green, P. RepeatModeler Open-1. 0 ［CP］. 2008—2010.

［178］ Stanke M, Keller O, Gunduz I, et al. AUGUSTUS: ab initio prediction of alternative transcripts ［J］. Nucleic Acids Res, 2006, 34 (Web Server issue): W435-439.

［179］ Burge C, Karlin S. Prediction of complete gene structures in human genomic DNA ［J］. J Mol Biol, 1997, 268 (1): 78-94.

［180］ Altschul S F, Madden T L, Schaffer A A, et al. Gapped BLAST and PSI-BLAST: a new generation of protein database search programs ［J］. Nucleic Acids Res, 1997,

25 (17): 3389-3402.

[181] Birney E, Clamp M, Durbin R. GeneWise and Genomewise [J]. Genome Res, 2004, 14 (5): 988-995.

[182] Harris R S. Improved pairwise alignment of genomic DNA [D], 2007.

[183] Bairoch A, Apweiler R. The SWISS-PROT protein sequence database and its supplement TrEMBL in 2000 [J]. Nucleic Acids Res, 2000, 28 (1): 45-48.

[184] Kanehisa M, Goto S. KEGG: kyoto encyclopedia of genes and genomes [J]. Nucleic Acids Res, 2000, 28 (1): 27-30.

[185] Zdobnov E M, Apweiler R. InterProScan-an integration platform for the signature-recognition methods in InterPro [J]. Bioinformatics, 2001, 17 (9): 847-848.

[186] Ashburner M, Ball C A, Blake J A, et al. Gene ontology: tool for the unification of biology. The Gene Ontology Consortium [J]. Nat Genet, 2000, 25 (1): 25-29.

[187] Lowe T M, Eddy S R. tRNAscan-SE: a program for improved detection of transfer RNA genes in genomic sequence [J]. Nucleic Acids Res, 1997, 25 (5): 955-964.

[188] Griffiths-Jones S, Moxon S, Marshall M, et al. Rfam: annotating non-coding RNAs in complete genomes [J]. Nucleic Acids Res, 2005, 33 (Database issue): D 121-124.

[189] Nawrocki E P, Kolbe D L, Eddy S R. Infernal 1.0: inference of RNA alignments [J]. Bioinformatics, 2009, 25 (10): 1 335-1 337.

[190] Parra G, Bradnam K, Korf I. CEGMA: a pipeline to accurately annotate core genes in eukaryotic genomes [J]. Bioinformatics, 2007, 23 (9): 1 061-1 067.

[191] Edgar R C. MUSCLE: multiple sequence alignment with high accuracy and high throughput [J]. Nucleic Acids Res, 2004, 32 (5): 1 792-1 797.

[192] Wang D, Zhang Y, Zhang Z, et al. KaKs_ Calculator 2.0: a toolkit incorporating gamma-series methods and sliding window strategies [J]. Genomics Proteomics Bioinformatics, 2010, 8 (1): 77-80.

[193] Stein L. Genome annotation: from sequence to biology [J]. Nat Rev Genet, 2001, 2 (7): 493-503.

[194] Bailey J A, Gu Z, Clark R A, et al. Recent segmental duplications in the human genome [J]. Science, 2002, 297 (5583): 1 003-1 007.

[195] Li H, Coghlan A, Ruan J, et al. TreeFam: a curated database of phylogenetic trees of animal gene families [J]. Nucleic Acids Research, 2006, 34: D572-D580.

[196] Guindon S, Gascuel O. A simple, fast, and accurate algorithm to estimate large phylogenies by maximum likelihood [J]. Syst Biol, 2003, 52 (5): 696-704.

[197] Yang Z. PAML 4: phylogenetic analysis by maximum likelihood [J]. Mol Biol Evol, 2007, 24 (8): 1 586-1 591.

[198] Yang Z, Rannala B. Bayesian estimation of species divergence times under a molecular

clock using multiple fossil calibrations with soft bounds [J]. Mol Biol Evol, 2006, 23 (1): 212-226.

[199] Benton M J, Donoghue P C. Paleontological evidence to date the tree of life [J]. Mol Biol Evol, 2007, 24 (1): 26-53.

[200] Li R, Li Y, Fang X, et al. SNP detection for massively parallel whole-genome resequencing [J]. Genome Res, 2009, 19 (6): 1 124-1 132.

[201] Li H, Durbin R. Inference of human population history from individual whole-genome sequences [J]. Nature, 2011, 475 (7357): 493-496.

[202] Li H, Durbin R. Fast and accurate short read alignment with Burrows-Wheeler transform [J]. Bioinformatics, 2009, 25 (14): 1 754-1 760.

[203] Li H, Handsaker B, Wysoker A, et al. The Sequence Alignment/Map format and SAMtools [J]. Bioinformatics, 2009, 25 (16): 2 078-2 079.

[204] Janert P K. Gnuplot in action: understanding data with graphs [M]. Manning Publications Co. , 2009.

[205] Gradstein F M. The geologic time scale 2012 [M]. 1st. Elsevier, 2012.

[206] McCouch S R. Genomics and synteny [J]. Plant Physiol, 2001, 125 (1): 152-155.

[207] Hsu T C, Benirschke K. An Atlas of mammalian chromosomes [M]. Springer-Verlag, 1967.

[208] Balmus G, Trifonov V A, Biltueva L S, et al. Cross-species chromosome painting among camel, cattle, pig and human: further insights into the putative Cetartiodactyla ancestral karyotype [J]. Chromosome Res, 2007, 15 (4): 499-515.

[209] Taylor K, Hungerford D, Snyder R, et al. Uniformity of karyotypes in the Camelidae [J]. Cytogenet Genome Res, 1968, 7 (1): 8-15.

[210] Gray A P. Mammalian Hybrids: A Check-List with Bibliography [M]. Commonwealth Agricultural Bureaux, 1972.

[211] Skidmore J A, Billah M, Binns M, et al. Hybridizing Old and New World camelids: Camelus dromedarius x Lama guanicoe [J]. Proc Biol Sci, 1999, 266 (1420): 649-656.

[212] Cui P, Ji R, Ding F, et al. A complete mitochondrial genome sequence of the wild two-humped camel (Camelus bactrianus ferus): an evolutionary history of camelidae [J]. BMC Genomics, 2007, 8 (1): 241.

[213] Honey J G, J. A. Harrison, D. R. Prothero, M. S. Stevens. Camelidae //JANIS C M, SCOTT K M, JACOBS L L. Evolution of Tertiary Mammals of North America [M]. Cambridge; Cambridge University Press. 1998: 439-462.

[214] Millien V. Morphological evolution is accelerated among island mammals [J]. PLoS Biol, 2006, 4 (10): e321.

[215] Clark P U, Archer D, Pollard D, et al. The middle Pleistocene transition: characteristics, mechanisms, and implications for long-term changes in atmospheric pCO<

sub> 2</sub> ［J］. Quaternary Science Reviews, 2006, 25 (23): 3 150-3 184.

［216］ Head M J, Pillans B, Farquhar S A. The Early-Middle Pleistocene transition: characterization and proposed guide for the defining boundary ［J］. Episodes, 2008, 31 (2): 255.

［217］ Rook L, Martínez-Navarro B. Villafranchian: the long story of a Plio-Pleistocene European large mammal biochronologic unit ［J］. Quaternary International, 2010, 219 (1): 134-144.

［218］ Vislobokova I. Main stages in evolution of Artiodactyla communities from the Pliocene-Early Middle Pleistocene of northern Eurasia: Part 2 ［J］. Paleontological Journal, 2008, 42 (4): 414-424.

［219］ Mellars P. Why did modern human populations disperse from Africa ca. 60, 000 years ago? A new model ［J］. Proc Natl Acad Sci U S A, 2006, 103 (25): 9381-9386.

［220］ Coronato A, Helmens K. Glaciations in North and South America from the Miocene to the Last Glacial Maximum: Comparisons, Linkages and Uncertainties ［M］. Springer, 2012.

［221］ De Bie T, Cristianini N, Demuth J P, et al. CAFE: a computational tool for the study of gene family evolution ［J］. Bioinformatics, 2006, 22 (10): 1 269-1 271.

［222］ Loytynoja A, Goldman N. An algorithm for progressive multiple alignment of sequences with insertions ［J］. Proc Natl Acad Sci U S A, 2005, 102 (30): 10 557-10 562.

［223］ Talavera G, Castresana J. Improvement of phylogenies after removing divergent and ambiguously aligned blocks from protein sequence alignments ［J］. Syst Biol, 2007, 56 (4): 564-577.

［224］ Arriza J L, Weinberger C, Cerelli G, et al. Cloning of human mineralocorticoid receptor complementary DNA: structural and functional kinship with the glucocorticoid receptor ［J］.Science, 1987, 237 (4812): 268-275.

［225］ Sun X J, Rothenberg P, Kahn C R, et al. Structure of the insulin receptor substrate IRS-1 defines a unique signal transduction protein ［J］. Nature, 1991, 352 (6330): 73-77.

［226］ Wang J, Barbry P, Maiyar A C, et al. SGK integrates insulin and mineralocorticoid regulation of epithelial sodium transport ［J］. Am J Physiol Renal Physiol, 2001, 280 (2): F303-313.

［227］ Wang Z, Gerstein M, Snyder M. RNA-Seq: a revolutionary tool for transcriptomics ［J］. Nat Rev Genet, 2009, 10 (1): 57-63.

［228］ Li R, Yu C, Li Y, et al. SOAP2: an improved ultrafast tool for short read alignment ［J］. Bioinformatics, 2009, 25 (15): 1 966-1 967.

［229］ Mortazavi A, Williams B A, McCue K, et al. Mapping and quantifying mammalian transcriptomes by RNA-Seq ［J］. Nat Methods, 2008, 5 (7): 621-628.

［230］ Trapnell C, Pachter L, Salzberg S L. TopHat: discovering splice junctions with RNA-

Seq [J]. Bioinformatics, 2009, 25 (9): 1 105-1 111.

[231] Robinson M D, Oshlack A. A scaling normalization method for differential expression analysis of RNA-seq data [J]. Genome Biol, 2010, 11 (3): R25.

[232] Chen S, Yang P, Jiang F, et al. De novo analysis of transcriptome dynamics in the migratory locust during the development of phase traits [J]. PLoS One, 2010, 5 (12): e15633.

[233] Audic S, Claverie J M. The significance of digital gene expression profiles [J]. Genome Res, 1997, 7 (10): 986-995.

[234] Abdi H. Bonferroni and Šidák corrections for multiple comparisons. " In NJ Salkind (ed.). Encyclopedia of Measurement and Statistics [M]. Thousand Oaks, CA: Sage. 2007.

[235] Kanehisa M, Araki M, Goto S, et al. KEGG for linking genomes to life and the environment [J]. Nucleic Acids Res, 2008, 36 (suppl 1): D480-D484.

[236] Burg M B, Ferraris J D, Dmitrieva N I. Cellular response to hyperosmotic stresses [J]. Physiol Rev, 2007, 87 (4): 1 441-1 474.

[237] Canessa C M, Schild L, Buell G, et al. Amiloride-sensitive epithelial Na+ channel is made of three homologous subunits [J]. 1994: 463-467.

[238] Kellenberger S, Schild L. Epithelial sodium channel/degenerin family of ion channels: a variety of functions for a shared structure [J]. Physiol Rev, 2002, 82 (3): 735-767.

[239] Schild L, Schneeberger E, Gautschi I, et al. Identification of amino acid residues in the α, β, and γ subunits of the epithelial sodium channel (ENaC) involved in amiloride block and ion permeation [J]. The Journal of general physiology, 1997, 109 (1): 15-26.

[240] Weisz O A, Johnson J P. Noncoordinate regulation of ENaC: paradigm lost? [J]. American Journal of Physiology-Renal Physiology, 2003, 285 (5): F833-F842.

[241] Agre P. The aquaporin water channels [J]. Proceedings of the American Thoracic Society, 2006, 3 (1): 5-13.

[242] Huang Y, Tracy R, Walsberg G E, et al. Absence of aquaporin-4 water channels from kidneys of the desert rodent Dipodomys merriami merriami [J]. Am J Physiol Renal Physiol, 2001, 280 (5): F794-802.

[243] Mobasheri A, Marples D, Young I S, et al. Distribution of the AQP4 water channel in normal human tissues: protein and tissue microarrays reveal expression in several new anatomical locations, including the prostate gland and seminal vesicles [J]. Channels (Austin), 2007, 1 (1): 29-38.

[244] Cheung C Y, Ko B C. NFAT5 in cellular adaptation to hypertonic stress – regulations and functional significance [J]. J Mol Signal, 2013, 8 (1): 5.

[245] Woo S K, Dahl S C, Handler J S, et al. Bidirectional regulation of tonicity-responsive

enhancer binding protein in response to changes in tonicity [J]. Am J Physiol Renal Physiol, 2000, 278 (6): F1 006-1 012.

[246] Bartolo R C, Donald J A. The effect of water deprivation on the tonicity responsive enhancer binding protein (TonEBP) and TonEBP-regulated genes in the kidney of the Spinifex hopping mouse, Notomys alexis [J]. J Exp Biol, 2008, 211 (Pt 6): 852-859.

[247] Klawitter J, Rivard C J, Brown L M, et al. A metabonomic and proteomic analysis of changes in IMCD3 cells chronically adapted to hypertonicity [J]. Nephron Physiol, 2008, 109 (1): p1-10.

[248] Wang F, Tian F, Whitman S A, et al. Regulation of transforming growth factor beta1-dependent aldose reductase expression by the Nrf2 signal pathway in human mesangial cells [J]. Eur J Cell Biol, 2012, 91 (10): 774-781.

[249] Gallazzini M, Ferraris J D, Burg M B. GDPD5 is a glycerophosphocholine phosphodiesterase that osmotically regulates the osmoprotective organic osmolyte GPC [J]. Proc Natl Acad Sci U S A, 2008, 105 (31): 110 26-11 031.

[250] Yancey P H. Organic osmolytes as compatible, metabolic and counteracting cytoprotectants in high osmolarity and other stresses [J]. J Exp Biol, 2005, 208 (Pt 15): 2 819-2 830.

[251] Gallazzini M, Burg M B. What's new about osmotic regulation of glycerophosphocholine [J]. Physiology (Bethesda), 2009, 24: 245-249.

[252] Barnes K, Ingram J C, Porras O H, et al. Activation of GLUT1 by metabolic and osmotic stress: potential involvement of AMP-activated protein kinase (AMPK) [J]. J Cell Sci, 2002, 115 (Pt 11): 2 433-2 442.

[253] Elmahdi B, Sallmann H P, Fuhrmann H, et al. Comparative aspects of glucose tolerance in camels, sheep, and ponies [J]. Comp Biochem Physiol A Physiol, 1997, 118 (1): 147-151.

[254] Kaske M, Elmahdi B, von Engelhardt W, et al. Insulin responsiveness of sheep, ponies, miniature pigs and camels: results of hyperinsulinemic clamps using porcine insulin [J]. J Comp Physiol B, 2001, 171 (7): 549-556.

[255] Trougakos I P. The Molecular Chaperone Apolipoprotein J/Clusterin as a Sensor of Oxidative Stress: Implications in Therapeutic Approaches - A Mini-Review [J]. Gerontology, 2013, 59 (6): 514-523.

[256] Kim G, Kim G H, Oh G S, et al. SREBP-1c regulates glucose-stimulated hepatic clusterin expression [J]. Biochem Biophys Res Commun, 2011, 408 (4): 720-725.

[257] Michel D, Chatelain G, North S, et al. Stress-induced transcription of the clusterin/apoJ gene [J]. Biochem J, 1997, 328 (Pt 1): 45-50.

[258] Humphreys D T, Carver J A, Easterbrook-Smith S B, et al. Clusterin has chaperone-

like activity similar to that of small heat shock proteins [J]. J Biol Chem, 1999, 274 (11): 6 875-6 881.

[259] Kujiraoka T, Hattori H, Miwa Y, et al. Serum apolipoprotein j in health, coronary heart disease and type 2 diabetes mellitus [J]. J Atheroscler Thromb, 2006, 13 (6): 314-322.

[260] Trougakos I P, Poulakou M, Stathatos M, et al. Serum levels of the senescence biomarker clusterin/apolipoprotein J increase significantly in diabetes type II and during development of coronary heart disease or at myocardial infarction [J]. Exp Gerontol, 2002, 37 (10-11): 1 175-1 187.

[261] Ghiggeri G M, Bruschi M, Candiano G, et al. Depletion of clusterin in renal diseases causing nephrotic syndrome [J]. Kidney Int, 2002, 62 (6): 2 184-2 194.

[262] Dieterle F, Perentes E, Cordier A, et al. Urinary clusterin, cystatin C, beta2-microglobulin and total protein as markers to detect drug-induced kidney injury [J]. Nat Biotechnol, 2010, 28 (5): 463-469.